工程管理年刊 2019（总第 9 卷）

中国建筑学会工程管理研究分会
《工程管理年刊》编委会 编

中国建筑工业出版社

图书在版编目（CIP）数据

工程管理年刊. 2019：总第 9 卷/中国建筑学会工程管理研究分会，《工程管理年刊》编委会编. —北京：中国建筑工业出版社，2019.9

ISBN 978-7-112-24107-1

Ⅰ. ①工… Ⅱ. ①中… ②工… Ⅲ. ①建筑工程-工程管理-中国-2019-年刊 Ⅳ. ①TU71-54

中国版本图书馆 CIP 数据核字（2019）第 178249 号

责任编辑：赵晓菲 朱晓瑜
责任校对：李欣慰

为适应我国信息化建设，扩大本刊及作者知识信息交流渠道，本刊已被《中国学术期刊网络出版总库》及 CNKI 系列数据库收录。如作者不同意文章被收录，请在来稿时向本刊声明，本刊将做适当处理。

工程管理年刊 2019（总第 9 卷）

中国建筑学会工程管理研究分会
《工程管理年刊》编委会 编

*

中国建筑工业出版社出版、发行（北京海淀三里河路 9 号）
各地新华书店、建筑书店经销
北京红光制版公司制版
北京建筑工业印刷厂印刷

*

开本：880×1230 毫米 1/16 印张：10¾ 字数：246 千字
2019 年 9 月第一版 2019 年 9 月第一次印刷
定价：**40.00 元**
ISBN 978-7-112-24107-1
（34614）

《工程管理年刊》编委会

前　言

我国经济已经由高速增长转入高质量发展阶段，就我国建筑业而言，其发展还远未成熟，在发展质量的各个维度都存在不同程度的问题，也长期困扰我国建筑业企业和行业整体发展，例如：经济效益不佳、国际竞争力不强、产品质量参差不齐、创新缓慢以及人才短缺等顽疾。工程管理研究分会秉持建筑业持续健康发展理念，跟踪建筑业改革与实践前沿问题，将"建筑业创新与高质量发展"确定为2019年《工程管理年刊》的主题，立足高质量发展的综合性、复杂性和动态性，邀请相关专家学者就体制机制、技术场景、突出矛盾、国际趋势等进行综合研究预判，研究探索建筑业实现持续健康发展的思路、任务和政策。

建筑业高质量发展需要顶层设计、系统识别问题、创新体制机制以及优化评价标准。中国港湾工程有限责任公司（香港地区）的李超等人从技术进步、设计与施工衔接、国际技术规范以及合约等四个维度探讨海外大型基建工程项目面临的机遇与挑战，并对大型内地企业开展"一带一路"项目提出建议。清华大学的潘奕光等人系分析了联盟交付模式的发展、定义、原则、适用性和成功驱动因素等，提出了联盟交付模式适用性决策框架和联盟交付模式运营的动力机制。华南理工大学的张雁等人建立适合装配式建造方式特点的效益评价流程，从材料节约和节能减排两个方面计量和评价装配式建筑在绿色建造方面的优势。中南大学的邹点和唐晓莹分析虚拟建筑企业动因的外部动力和内部特性，提出单盟主模式、多盟主模式和平行模式这三种组织模式，并对各种模式的适用性进行了建议。中南大学的胡馨莹等人提出了一种新的量化方式，运用KMV模型评估建筑企业信用风险，并对2012—2018年期间12家建筑业上市公司的信用风险进行度量，验证KMV模型的有效性。福建农林大学的李晓娟提出海绵城市建设绩效评价主要应当解决指标权重与绩效赋值的有效性问题。在确定评价体系的基础上，基于SEM方法建立评价模型，通过变量间路径系数，计算各级指标权重值。同济大学的王立光等人联合深圳市砖济公共咨询有限公司的樊鹏系统分析我国公立医院PPP项目的6个主要问题，包括人员安置问题、公立医院公益性原则与社会资本逐利性的矛盾问题、前期工作深度不够、政策不完善、市场需求不足及工程成本超支的问题，并提出了管理建议。同济大学的胡毅等人从多视角系统分析我国在2005—2018年对"一带一路"国家的111项重大工程投资高危风险项目的特征，研究发现能源、金属矿业、交通运输等是投资高危风险的行业，区域分布和投融资模式存在显著差异。

高质量发展过程中，建造安全一直受到高度的关注。中南大学的陈辉华等人系统识别地铁盾构施工过程中安全影响因素和剖析安全影响因素的作用机理，构建了安全影响因素作用机理模型，可用于科学指导安全干预措施的制定，达到控制安全事故的效果。哈尔滨工业大学的丛为一等人联合东北林业大学的苏义坤选取发表在 Web of Science 核心集 1985—2018 年收录的 153 篇建设工程安全行为研究相关文献为数据源，开展综合文献计量研究，结果表明安全氛围、领导工人关系等组织因素研究及新技术应用研究处于该研究领域的核心位置。同济大学的乐云和宋津名等人总结形成了影响工程施工安全的风险体系，并通过专家打分法与熵值的计算确定了各风险因素的风险度，建立了风险演化的系统动力学模型，识别事故的风险演化过程，探讨各影响因素的敏感性。

高质量发展阶段从追求速度转变为追求质量，从规模扩张转向结构优化，从要素驱动转向创新驱动，通过创新建立起以新技术、新产品、新服务等为核心内容的新优势，提高核心竞争力，实现产业升级、经济的可持续发展。华南理工大学的申琪玉等人以港珠澳大桥澳门口岸管理区境外停车库工程项目为基础，采用计算机编程手段建立派工单自动生成系统，实现施工现场派工管理的自动化。佐治亚理工大学的胡雨晴等人针对传统关系数据库对 BIM 数据存在读写性能较差及横向扩展存在困难等问题，提出将 BIM 信息转化成路由图信息并存储入图数据库，以大型设备室内运输碰撞检测为例，基于图算法自动检测大型设备在室内通行及最短可通行路径。贵州攀特工程统筹技术信息研究所的任世贤应用符号学跨学科研究方法创立了建设工程符号学，为形成我国拥有独立知识产权的 3D 图形模拟设计软件的开发奠定了坚实的理论基础。

随着人口老龄化的挑战，我国建筑业的人口红利逐步消退，建筑业成本逐年上升，越来越制约着我国建筑业的高质量发展，有必要利用信息化技术和工业 4.0 带来的机遇，培养适应我国建筑业发展的信息化人才和管理人才，创新教学与培训体系。中国港湾工程有限责任公司（香港地区代表：振华工程有限公司）的陈乐敏等人系统分析了香港地区建筑企业发展 BIM 人才的困难与挑战，建议企业应利用政府的基金、加强和学校合作设立合适的科目培训新的技术型人才，以迎合市场的要求、重组企业内部的架构与修订培训政策方针。湖南四建安装建筑有限公司的钟欢联合中南大学的黄建陵，以施工企业项目管理人才为研究对象，建立科学合理的人才评价模型，明确了面向施工企业项目管理人才培养的要求和方向，为缓解企业需求与人才匹配的矛盾提供了参考和借鉴。华南理工大学的申琪玉等人以华南某高校的《风险管理》课程改革为例，针对传统教学方法的弊端，以企业需求和学生能力培养为目标创新课程体系，评价结果表明改革后的教学模式能够提高学生的主动性以及实践能力，并进一步提出了持续改进《风险管理》课程教学模式的方向。太原城市职业技术学院的曹红梅等人依托太原市轨道交通发展有限公司以运营为导向的全生命周期 BIM 技术应用项目，从工作模式、人才培养、深度融合探索产学研合作创新模式的实践路径，为高职院校的产学研深度融合和人才培养提供了新的视角。

新形势下，建筑业依靠规模快速扩张的传统发展模式已成为过去式，行业发展面临着前所未有的机遇和挑战。以上研究为推动建筑业创新和高质量发展提供了理论和实践的借鉴与参考，以期更好地促进我国从建设大国向建设强国转变。

目 录

Contents

海外巡览

典型案例

专业书架

前沿动态

Frontier & Trend

建设工程领域安全行为管理研究综述

丛为一[1]　张守健[1]　苏义坤[2]

(1. 哈尔滨工业大学工程管理研究所，哈尔滨　150001；

2. 东北林业大学土木工程学院，哈尔滨　150040)

【摘　要】　为保障施工作业人员安全，减少建设工程安全事故的发生，不安全行为的监测和预防已经成为建设工程安全管理领域的重点关注问题。然而现阶段仍缺少能够系统展现建设工程不安全行为研究主题结构和发展趋势的综述类研究。选取发表在 Web of Science 核心集 1985～2018 年收录的 153 篇建设工程安全行为研究相关文献为数据源，对该领域的主要研究主题和趋势展开综合的文献计量研究。结果表明：目前建设工程不安全行为研究涉及 4 个维度和 8 类研究主题；安全氛围等不安全行为驱动组织因素研究及新技术应用研究处于该研究领域的核心位置。最后提出了完善不安全行为相关研究的建议，为该研究领域的研究和实践提供参考。

【关键词】　建设工程；不安全行为；文献计量

Review on Management of Construction Safety Behavior

Weiyi Cong[1]　　Shoujian Zhang[1]　　Yikun Su[2]

(1. Institute of Construction Management, Harbin Institute of Technology, Harbin　150001；

2. School of Civil Engineering, Northeast Forestry University, Harbin　150040)

【Abstract】　To ensure the safety of construction workers and reduce the occurrence of construction engineering accidents, the monitoring and prevention of unsafe behavior has received much attention in the field of construction safety management. However, there is still a lack of review that can systematically map the subject structure and development trend of construction unsafety behavior research. A bibliometric review was conducted based on 153 papers on construction safety behavior research published in the core collection of Web of Science from 1985 to 2018 to reveal the main research topics and trends in this field. The results found that the current research on construction safety behavior involved four dimensions and eight research topics，the research on the affective factors of unsafe behavior such as safety climate and the application of new technology were at the core of the research field. Finally，the suggestions for enriching the research related to unsafe behavior were put forward，which provided references for the research and practice in this field.

【Keywords】 Construction；Unsafe Behavior；Bibliometric Review

1 引言

建设工程活动被认为是目前世界上最危险的行业之一，由于其自身事故发生频率较高且容易造成严重的人身及财产损失[1]。近年来，建设工程监管部门对建设施工安全非常重视，不断加大安全监管力度，严格监督施工单位安全责任的落实，同时许多科研研究都致力于探析建设工程安全事故发生的内在本质与影响机理，建设安全生产形势虽有明显好转，但建设安全事故仍频发[2]。在以往的研究中，学者们发现不安全行为是导致建设工程事故发生的主要原因之一[3]，据统计，英国的建设工程安全事故中有 80％～90％ 的事故是源于不安全行为[4]，同时有研究表明，98％ 的安全事故的发生都归因于一种或某种不安全行为[5]。因此亟须对不安全行为进行深入分析以此保证建设工程活动的安全进行。

近年来国内外学者从不同视角对建设工程领域的不安全行为进行了大量的、多主题的研究，其研究成果能为建设工程领域的安全绩效改善提供支撑。然而目前有关建设工程不安全行为研究的文献计量研究仍显现不足，因此，对于现有建设工程不安全行为研究展开系统分析能让学者更全面地把握建设安全领域关于不安全行为研究的新发现，为行业实践人员和研究工作者展现本领域前沿趋势和科研动态。目前，对于建设工程领域安全管理的文献综述研究多是将研究聚焦于安全管理整体或某些其他方向，例如：Choudhry 等对 1998 年之后的安全文化研究进行了整理回顾[6]，Zhou 等对建设安全管理领域创新技术应用情况的相关研究进行了回顾。现有文献研究中缺少对不安全行为这一导致安全事故发生的重要因素的相关研究现状的全面分析[7]。鉴于此，本研究基于 1985～2018 年 SCI（Sciences Citation Index）数据库中收录的 153 篇代表性文献，对样本数据的时间分布、期刊分布、核心作者、核心机构、关键词开展定量统计和定性分析，本研究旨在为我国建设安全领域不安全行为的研究提供参考。

2 研究方法与数据来源

本研究选用 Thomson Reuters 的 Web of Science（WoS）核心集数据库为数据源，对建设工程不安全行为相关文献进行检索。为了避免检索过程中的漏检和误检问题，本研究在设计检索策略时参考经典文献及相关专家建议，针对本研究设计合理的检索式。检索式为 TS ＝（"construction industr＊" or "construction work＊" or "construction compan＊" or "construction organization＊" or "construction project＊" or "construction site＊" or "construction management" or "construction activit＊"）AND TS ＝（construction safe＊）

AND TS=（"safe * behaviour * " or "behaviour * safe * " or "violation * " or "safe * compliance * " or "safe * participate * " or "behaviour * -based safe * " or "unsafe * behaviour * "）。时间跨度为 1985～2018 年，文献类型为期刊文献，语言为英语，由此共检索到 182 篇文献，经过筛选得到 153 篇有效文献。接下来将对这 153 篇文章的发表国家、机构、作者、研究主题等进行详细分析。

3 研究基本情况分析

最早关于建设工程不安全行为的研究出现于 1994 年，MATTILA，M 等对一家建筑公司的事故报告进行分析后得出结果：高效的施工管理领导更注重对于工人行为的监督，并及时向施工人员进行反馈[8]。随后相关研究逐渐增多，如图 1 所示。图 1 表明建设工程不安全行为相关研究的文献量整体呈上升趋势，该领域正逐步得到学者的重视，年均发文量为 6 篇。从发文数量看，可以划分两个阶段，其中，1994～2012 年是探索研究阶段，发文量低于年均发文量，并且呈波动状态；2012～2018 年是快速研究阶段，发文量持续增长且均高于年均发文量；文献量大幅增加，说明该领域得到学者普遍关注，逐渐成为建设工程安全管理研究热点之一。

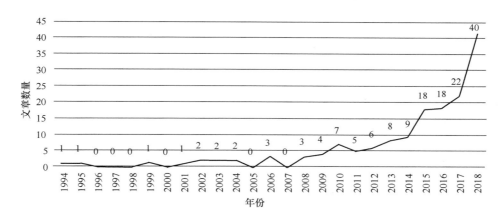

图 1 1995～2018 年建设工程不安全行为研究发表文章数量统计

通过对文献来源分析，发表建设工程不安全行为相关研究文献数量排名前 7 的国家如表 1 所示。由此可以看出，对于建设工程不安全行为相关研究最多的国家依次为中国、美国、澳大利亚、英国、新西兰等，且中国、美国、澳大利亚占据主导地位，这三个国家发表的相关研究文献约占总文献数量的 90%。

主要研究国家分布（前 7） 表 1

排名	国家	文章数量	百分比（%）
1	中国	58	37.90
2	美国	46	30.06
3	澳大利亚	33	21.57

续表

排名	国家	文章数量	百分比（%）
4	英国	8	5.22
5	新西兰	7	4.58
6	新加坡	6	3.92
7	韩国	6	3.92

通过对文献来源分析，清华大学发表的与建设工程不安全行为研究相关的文献最多（15 篇），其次华中科技大学、昆士兰科技大学、香港城市大学等。表 2 为发表建设工程不安全行为相关研究文献数量 5 篇及以上的研究机构。由表可知，中国高校在该领域的研究中占

主导地位。

发表文献 5 篇及以上研究机构排名　表 2

排名	机构	文章数量	百分比（%）
1	清华大学	15	9.80
2	华中科技大学	11	7.19
3	昆士兰科技大学	9	5.88
4	香港城市大学	8	5.23
5	香港理工大学	7	4.58
6	华盛顿大学	6	3.92
7	新加坡国立大学	5	3.27
8	密歇根大学	5	3.27
9	北卡罗来纳大学	5	3.27

　　基于对文献发表作者的分析，不考虑作者顺序，按照发表文章数量排名后得出：来自清华大学的方东平教授发表文章最多，为 9 篇，其次是密歇根大学的 Lee Sang Hyun 教授、香港理工大学的李恒教授和华中科技大学的骆汉宾教授，均发表 5 篇。表 3 给出了发表文献 4 篇以上学者的列表。由表可知，除清华大学方东平教授在该领域的研究中处于主导地位以外，其他学者发文数量较平均。

发表文章 4 篇及以上学者者排名　表 3

排名	作者	研究机构	文章数量
1	方东平	清华大学	9
2	Lee Sang Hyun	密歇根大学	5
3	李恒	香港理工大学	5
4	骆汉宾	华中科技大学	5
5	Choi Byungjoo	密歇根大学	4
6	丁烈云	华中科技大学	4
7	Goh Yang Miang	新加坡国立大学	4
8	Guo Brian H. W.	坎特伯雷大学	4
9	Skitmore Martin	昆士兰科技大学	4

　　通过对文献来源分析，153 篇建设工程不安全行为研究相关文献共发表在 29 个期刊上，表 4 列出了发表该领域文献数量多于 5 篇的期刊。对该研究领域发表期刊的整理，可以为学者发表文章投稿提供重要参考。从 SCI 数据库收录的文章来看，*Safety Science* 中发表的有关建设工程不安全行为研究的文章最多，其次为 *Journal of Construction Engineering and Management* 和 *Accident Analysis and Prevention*，这 3 本期刊在建设管理领域占有非常重要的地位，是该领域的权威期刊，国际影响力很强。由此也可知，建设工程不安全行为相关文献趋于高质量研究，其研究成果具有较高理论及实践价值。

发表文献 5 篇及以上期刊排名　表 4

排名	期刊	文章数量	百分比（%）
1	*Safety Science*	22	14.38
2	*Journal of Construction Engineering and Management*	16	10.46
3	*Accident Analysis and Prevention*	12	7.84
4	*Automation in Construction*	11	7.19
5	*Journal of Safety Research*	9	5.88
6	*American Journal of Industrial Medicine*	7	4.58
7	*International Journal of Environmental Research and Public Health*	7	4.58
8	*Journal of Management in Engineering*	6	3.92

4　研究主题分析

　　通过对文献标题、关键字及文章内容的概览，分类汇总得到 4 个研究维度，分别是安全事故、不安全行为成因、变量关系、行为驱动安全管理。继续细化得到 8 个研究主题，分别是基于不安全行为的事故统计与分析、动因及影响因素识别、组织层面安全因素、个体层面安全因素、新技术新方法应用、安全培训、安全管理评估、安全风险。研究开展的阶段均是在项目的建设阶段，所采用的理论及方法包括博弈论、扎根理论、计划行为理论、结构方程模型、神经网络、系统动力学等，涉及经济、人文、社会等多学科，显现出较强的多学科融合特点。各研究维度及研究主题发表文献数量分布如表5所示。从各主题发表文献数量上可以看出，目前对于建设工程不安全行为的相关研究主要集中于对影响安全行为的组织及个体因素的分析，同时对有效控制不安全行为的新技术、新方法的研发也在逐渐增多。

行为驱动安全管理主题聚类　　　表5

研究维度	研究主题	文章数量	百分比（％）
安全事故	不安全行为事故统计与分析	14	9.16
不安全行为成因	动因及影响因素识别	10	6.54
变量关系	组织安全因素	50	32.68
	个体安全因素	23	15.04
行为驱动安全管理	新技术、新方法应用	24	15.68
	安全培训	10	6.54
	安全管理评估	11	7.18
	安全风险	11	7.18

4.1 安全事故

对于不安全行为主导的建设工程事故统计与分析起步较早，美国职业安全与健康管理局（OSHA）调查了479起涉及建筑业起重机事故中的502人死亡事故，数据显示，由安全违章导致的工人死亡人数占总数的83％，由此证明安全违章是影响建设工程安全管理的重要因素，并建议通过增加工人的培训来减少建筑业事故[9]。Zhao，D等通过对建筑工人电击死亡事故的调查分析得出，社会技术系统的崩溃和当前安全培训计划的有效性较低对建筑工人

的不安全行为和电力死亡事件造成重大影响[10]。Wong，L等通过对施工高处坠落事故的调查后发现，错误规划、安全违章、他人隐患、配置人员不足是导致高处坠落事故发生的四个主要因素，并建议施工单位应根据事故特性和根本原因来制定安全管理策略，减少高处坠落事故[11]。以上研究通过对事故发生原因的分析，都强调了个体不安全行为对于减少施工事故、提高项目安全管理绩效的重要性，据此探索出了建设工程安全管理研究的新领域，为建设工程不安全行为研究的发展奠定基础。

4.2 不安全行为成因

不安全行为环境是指能够促成或制约不安全行为产生及发展的经济、社会、文化等因素的整体驱动系统。目前对于建设项目不安全行为环境的研究主要集中在不安全行为成因分析与不安全行为驱动因素识别。Rafiq M. Choudhry等调查发现：缺乏安全意识、工作压力、同事的态度和其他组织、经济和心理因素是导致工人采取不安全行为的驱动因素，该研究也证实了安全管理的重要作用[12]。Zhongming Jiang等将建筑安全管理视为一个系统，利用系统动力学揭示该系统如何影响建筑工人的不安全行为，从而确定了可导致不安全行为的个体和环境条件，并构建了不安全行为因果关系的系统动力学模型（SD-CUB）揭示该系统的因果结构[13]。Patel，D. A等开发出一种预测工人不安全行为的模型，通过测试发现：监管环境、工作压力、员工参与、个人风险评估和支持性环境等因素与员工的不安全行为密切相关[14]。Asilian-Mahabadi，H等认为一般管理和组织文化是导致施工现场的人为错误和不安全行为的先决条件和促成因素[15]。经总结现有研究成果，识别出安全氛围、安全文化、安全态度、领导管理能力、组织规模、工作压力、民

族文化、个性、员工参与等多种不安全行为驱动因素。

4.3 变量关系

在识别出不安全行为影响因素后，学者们将关注点逐渐集中于探究多种不安全行为驱动因素对工人不安全行为的影响机理，及如何通过改善影响因素降低不安全行为的发生。不安全行为驱动因素可划分为组织安全因素及个体安全因素。组织安全因素包括安全氛围、安全文化、社会规范、领导监督管理、行为传染、组织规模等；个体安全因素包括自我态度、疲劳度、安全承受能力、心理因素等。由表5可知，现有研究关于安全氛围、领导工人关系等组织安全因素的影响机理的研究较多，是变量研究的主要方向。

在安全氛围研究方面，Zhou，Q等基于贝叶斯网络建立了安全氛围和不安全行为的因果概率关系网络，发现安全氛围因素对不安全行为产生的影响比个人经验因素更重要。在对不安全行为进行管理时，在安全氛围因素得到适当控制的情况下实施其他安全管理策略更有效[16]。Schwatka，N. V等通过结构方程模型评估了安全氛围对于安全行为的直接和间接调节效应，结果表明：管理层在安全氛围因素对不安全行为的影响中起到中介作用，应在建设施工现场实施安全干预，从而建立和维持安全氛围，降低工人实施不安全行为的倾向[17]。Shen，Y. Z等证实了变革型领导会对组织安全氛围产生重大影响，安全氛围通过安全知识影响个体不安全行为。如果监管者表现出变革型领导，鼓励施工人员在不担心报复的情况下表达安全问题，安全氛围干预措施会更加有效[18]。在对安全氛围对不安全行为影响机理研究基础上，学者们试图找出安全氛围的测度变量，Shang，K等通过因子分析确定了三个

关键的安全氛围测度变量，即主管安全行为管理、安全培训计划和同事的安全行为。通过专注于管理安全行为、安全培训计划和同事的安全行为可以有效减少不安全行为的伤害和事故发生[19]。

在组织安全因素研究的其他因素研究中，方东平等研究表明：培训和预防行动以及组织层面反应和支持行动是能够显著影响建设项目工人不安全行为的管理行为。并实证验证了集团层面安全气氛和工人不安全行为之间的联系，为安全管理理论和实践的发展提供重要的参考[20]。Hoffmeister，K. 等经调查发现，领导是一个复杂的、多维度的系统，领导力发展计划应该涉及多个领导要素，例如核心价值观以及具体的技能和行为，从而增加工人安全行为以及减少事故和伤害[21]。Choi，B. 等经调查发现，建筑工人的个人安全标准与项目经理所希望的安全行为标准之间存在差异，建筑工人的安全行为个人标准受到他们认为的群体规范的显著影响，同时建筑工人所属的不同群体（例如工作组、公司、项目）存在不同程度的群组规范差异[22]。这些研究结果提出了一种新的建筑安全管理思路，可以成为改善建设项目工人不安全行为的有效手段。Guo，B. H. W等经研究得出公司规模不会影响工人对于安全氛围的理解方式[23]。

在个体安全因素研究方面，Shin，M等开发了一个基于系统动力学的建筑工人心理过程模型，该模型可以帮助分析工人安全态度和不安全行为的动态关系，以及由此产生的反馈机制，据此提出了工人不安全行为的改进策略[24]。方东平等设计了一个典型的人工处理任务来模拟实际的施工工作，并据此来衡量施工工人疲劳程度。通过试验发现某个疲劳程度值是疲劳效应开始出现的关键点，当工人的疲劳程度超过这一临界值，疲劳程度和安全行为

错误率之间存在线性关系[25]。Chen，Y. T.等（2017）对施工工人个体承受能力调查后发现，安全氛围不仅影响了施工人员的安全表现，也间接影响了他们的心理压力，这一研究结果强调了组织和个人因素在个人不安全行为和心理健康方面的作用。建议建筑单位不仅需要监控员工的安全表现，还要评估员工的心理健康状况。在促进积极的安全氛围的同时，制定侧重于改善员工心理健康的培训计划，尤其是创伤后心理健康，可以提高组织的安全绩效[26]。

在对影响工人不安全行为组织及个体因素的许多研究中，还将组织因素与个体因素进行了交叉研究，通过探究组织因素、个体因素对工人安全行为的影响机理及其相互作用模式，揭示了影响工人不安全行为的根本动因。Clarke，S 等通过建模得出：工作相关的态度（组织承诺和工作满意度）在安全气氛和安全行为之间起到调节作用，心理因素对不安全行为的作用被安全氛围部分中介[27]。Tholen，S. L 等调查得知，个体对安全氛围的看法会影响个人不安全行为的同时，个体不安全行为有时也会影响安全气氛。此外，组织内的支持性社会心理状况会影响个体的安全感，但其本身并不会对不安全行为产生影响[28]。

目前聚焦于工人不安全行为影响因素的研究较多，研究成果丰富，为从根本上改善工人施工过程中的不安全操作，提高安全管理绩效提供了有效途径。

4.4 行为驱动安全管理

行为驱动的安全管理主要涉及基于不安全行为的安全管理策略应用及安全管理方法及技术的应用对个体不安全行为产生的影响。在各子研究主题中，目前研究中关于新技术、新方法的开发与应用研究较多，研究成果能为降低

不安全行为的发生及提升安全管理绩效提供新途径。

4.4.1 新技术、新方法应用

对于新技术、新方法应用于安全行为管理方面的研究近五年才开始逐渐增多，多集中于施工现场工人行为跟踪监测系统的研发与应用。Cheng，T 等开发了一种监测建筑工人人体工程学安全和不安全行为的新方法，是利用连续远程技术监测建筑工人位置和生理状态的数据融合的方法。自动远程监控施工人员的安全状态，具有不安全行为预警的作用[29]。Jeelani，I. 等提出了一种基于计算机视觉的施工现场工人行为跟踪方法，使用眼动追踪装置捕获工人观察模式与其危险识别能力之间的相关性，可以有效地用于向工人提供个性化和集中的反馈，将搜索过程缺陷传达给工人，以便触发自我反思并随后改善他们的危险识别能力[30]。Lin，P 等对施工现场实时监测系统的可行性进行了验证，为大坝施工现场工人的不安全行为提供及时的分析支持。现场测试表明，接收信号强度指示的定位算法是可靠的，并且在 3～5m 的范围内足够准确[31]。

4.4.2 安全培训

在行为驱动的安全管理研究中，许多研究都强调了安全培训对于促成工人安全行为的重要作用。对于安全培训的研究多集中于探究安全培训影响工人不安全行为的作用机理及安全培训的有效性评估方面。Cavazza，N. and A. Serpe 通过调研证实了工人安全培训可以通过影响工人对于不安全行为的心理认知作用于工人的不安全行为，参与安全培训的工人更倾向于进行安全施工[32]。Ho，C. L. and R. J. Dzeng 对工人参与施工安全教育的电子学习效果进行了评估。结果表明：适合的教育培训模式和适当的培训课程内容可以加强工人劳动安全行为，但对于电子学习是否可以替代传统教

育和培训还有待继续研究[33]。Lingard，H. 等在对接受急救培训的参与者职业安全和健康行为进行客观测量后得出结论：急救培训对参与者的职业安全和健康行为有积极影响。急救培训减少了参与者对于不安全行为的旁观偏见，使参与者意识到自己的行为是避免职业伤害的重要因素，从而积极实施风险控制行为[34]。Sun，J．D 等基于对工人参与安全培训意愿的分析提出了改善工人不安全行为的建议。认为政府激励是促进施工单位组织安全培训的重要途径，同时施工单位应适当增加培训期间的工人薪资来激励工人参与安全培训，促使工人更好地控制自身不安全行为[35]。

4.4.3 安全管理评估

在安全管理评估研究中，现有研究集中于对改善不安全行为的有效性评估。包括可穿戴技术应用效果评估、安全干预措施评估及基于行为的安全管理方法（BBS）有效性评估等方面。Choudhry，R．M 等调查了 BBS 管理方法实施过程中 BBS 实施观察员和操作员对安全绩效的影响，并引入干预措施监测和分析其对施工现场安全行为管理的影响。结果显示基于目标设定和反馈安排的 BBS 技术能为项目安全行为管理绩效提供保障[36]。Zhang，M．Z 等通过将 BBS 实践整合到管理程序中，提出了一种连续的 BBS 策略，使用基于监督的干预周期（SBIC）和基于行为的安全跟踪和分析系统（BBSTAS）实现现场和组织层面的行为管理集成[37]。Heng，L．等将基于位置的技术与 BBS 方法相结合，提出了一种改进的不安全行为管理方法。开发了定位技术增强型 BBS 的概念框架，并对其应用进行了测评，该成果具有广泛的应用前景[38]。Guo，H．L．等对可穿戴技术的应用性进行了实验测评，通过使用可穿戴设备收集工人的物理数据，分析工人心理状态与物理数据之间的相关性。结果

证实了该技术适用于工人心理数据的收集，有助于现场识别工人不安全行为的心理原因[39]。

4.4.4 安全风险

关于安全风险主题的研究集中于基于安全行为驱动的风险因素识别与风险感知驱动因素研究。Burns，C 等对于容易导致冒险行为即不安全行为的风险信息接收过程是否存在风险偏好展开调查，结果发现，施工现场工人的风险信息来源偏好源于安全专业知识本身[40]。Feng，Y．B．等对建筑工人是否参与风险补偿行为的倾向进行了调查，结果表明：工人倾向于在施工环境中表现出风险补偿行为，监管人员在施工现场实施新的安全控制措施之前，应更多地关注那些经验丰富、受过高等教育、从未受伤工人的行为变化[41]。风险补偿行为是指由于个体认为环境变得更安全而导致的风险较高的行为。Feng，Y．B 等调查发现，工人对自身能力的过度自信以及对所从事的安全问题的控制感会鼓励工人采取风险补偿行为，构建的结构模型解释了当工人认为他们受到更多保护时可能影响潜在行为变化的重要心理过程[42]。

5 研究启示

目前对于建设工程不安全行为的研究主要集中于不安全行为的驱动因素识别与分析以及利用新技术、方法对不安全行为实施监测。基于研究主题归纳和研究热点分析，对未来建设工程不安全行为相关研究提出以下建议：

（1）重视项目全寿命周期各参与主体间的不安全行为管理。现阶段对于建设工程安全行为的研究主要关注施工阶段，研究对象集中于施工现场工人的不安全行为，对建设项目全生命周期其他阶段关注较少，同时对除工人及工头外的项目参与主体的不安全行为研究不充分。现有研究已经证实工人安全行为受组织层

面影响较大，因此应重视项目参与主体在不同阶段的潜在不安全行为，研究不同角色定位在建设项目开发及建设过程中承担的安全组织行为职责，加强各参与主体间安全行为的协调性。

（2）加强技术创新研究与应用。虽然现阶段对于不安全行为监测技术的研究逐渐增多，但仍面临研究不充分的现状。现有研究多注重不安全行为的影响机理，旨在通过加强现场安全行为管理来降低不安全行为的发生几率，但对于建设工程这一流动性强、施工条件不稳定、突发情况较多的行业领域，还应寻求能够对不安全行为实施有效监测与控制的技术手段。同时现有技术应用研究只停留在单一项目或案例层面，缺乏普适性，因此应扩大技术手段在工程实践中的广泛应用，并做好实施效果后评估与反馈工作。

（3）重视领导、工友与工人间的安全知识互动研究，提高安全培训的有效性。现有研究证明了改善施工安全氛围来降低工人不安全行为倾向的重要性，同时也强调了增加安全培训对改善工人不安全行为十分必要。安全培训作为工人直接获取安全操作相关知识的有效途径，其培训效果即工人安全知识接收及消化能力尚不明确。对安全知识的有效学习是保证安全培训对工人不安全行为发挥效用的重要前提，现有研究突出了领导及工友对于塑造工人安全行为态度、认知等方面的重要角色，但对领导、工友与工人间的安全知识互动的研究仍存在不足。

6 结论

本文以 SCI 数据库中 1985～2018 年收录的 153 篇代表性文献为研究对象，对文献的基本情况进行了汇总分析，旨在从宏观的角度全面掌握建设工程不安全行为相关研究的来源、

地区、主题等特征。结果表明，对于安全氛围、领导工人关系等组织安全因素影响工人不安全行为的作用机理研究为该领域的研究热点，同时先进技术及方法在工程实践中的应用研究也显现出增长趋势，逐渐成为该领域的热点之一。最后，基于现阶段建设工程不安全行为研究现状，对未来研究方向提出了建议，应重视项目全寿命周期各参与主体间的不安全行为管理，加强技术创新研究与应用，并重视领导、工友与工人间的安全知识互动研究，提高安全培训的有效性。本研究能为工程实践与科学研究提供清晰、全面的研究框架，为未来该领域研究的发展提供重要参考。

参考文献

[1] Fang D，Wu H. Development of a Safety Culture Interaction（SCI）Model for Construction Projects. Safety Science. 2013；57：138-149.

[2] Shin M，Lee H-S，Park M，et al. A System Dynamics Approach for Modeling Construction Workers' Safety Attitudes and Behaviors. Accident Analysis & Prevention，2014，68：95-105.

[3] Fang DP，Wu CL，Wu HJ. Impact of the Supervisor on Worker Safety Behavior in Construction Projects［Article］. Journal of Management in Engineering，2015，31(6)：12.

[4] Li SQ，Fan M，Wu XY. Effect of Social Capital between Construction Supervisors and Workers on Workers' Safety Behavior［Article］. Journal of Construction Engineering and Management，2018，144(4)：10.

[5] Blackmon GM，Raghu G. Pulmonary Sarcoidosis：a Mimic of Respiratory Infection Review. Seminars in Respiratory Infections，1995，10(3)：176-86.

[6] Choudhry，R. A.，D. P. Fang，and S. Mohamed，The Nature of Safety Culture：a Survey of the State-of-the-art. Safety Science，2007，45

(10)：993-1012.

[7] Zhou, Y. , L. Y. Ding, and L. J. Chen, Application of 4D Visualization Technology for Safety Management in Metro Construction. Automation in Construction, 2013, 34：p. 25-36.

[8] Mattila, M. , M. Hyttinen, and E. Rantanen, Effective Supervisory Behavior and Safety at the Building Site. International Journal of Industrial Ergonomics, 1994, 13(2)：85-93.

[9] Suruda, A. , et al. Fatal Injuries in the United States Construction Industry Involving Cranes 1984-1994. Journal of Occupational and Environmental Medicine, 1999, 41(12)：1052-1058.

[10] Zhao, D. , et al. Electrical Deaths in the US Construction：an Analysis of Fatality Investigations. International Journal of Injury Control and Safety Promotion, 2014, 21(3)：278-288.

[11] Wong, L. , et al. Association of Root Causes in Fatal Fall-from-Height Construction Accidents in Hong Kong. Journal of Construction Engineering and Management, 2016, 142(7).

[12] Choudhry, R. M. and D. P. Fang, Why Operatives Engage in Unsafe Work Behavior：Investigating factors on Construction Sites. Safety Science, 2008, 46(4)：566-584.

[13] Jiang, Z. M. , D. P. Fang, and M. C. Zhang, Understanding the Causation of Construction Workers' Unsafe Behaviors Based on System Dynamics Modeling. Journal of Management in Engineering, 2015, 31(6).

[14] Patel, D. A. and K. N. Jha, Neural Network Model for the Prediction of Safe Work Behavior in Construction Projects. Journal of Construction Engineering and Management, 2015, 141(1).

[15] Asilian-Mahabadi, H. , et al. A Qualitative Investigation of Factors Influencing Unsafe Work Behaviors on Construction Projects. Work-a Journal of Prevention Assessment & Rehabili-tation, 2018, 61(2)：281-293.

[16] Zhou, Q. , D. P. Fang, and X. M. Wang, A Method to Identify Strategies for the Improvement of Human Safety Behavior by Considering Safety Climate and Personal Experience. Safety Science, 2008, 46(10)：1406-1419.

[17] Schwatka, N. V. and J. C. Rosecrance, Safety Climate and Safety Behaviors in the Construction Industry：the Importance of Co-workers Commitment to Safety. Work-a Journal of Prevention Assessment &Rehabilitation, 2016, 54 (2)：401-413.

[18] Shen, Y. Z. , et al. The Impact of Transformational Leadership on Safety Climate and Individual Safety Behavior on Construction Sites. International Journal of Environmental Research and Public Health, 2017, 14(1).

[19] Shang, K. C. and C. S. Lu, Effects of Safety Climate on Perceptions of Safety Performance in Container Terminal Operations. Transport Reviews, 2009, 29(1)：1-19.

[20] Fang, D. P. , C. L. Wu. and H. J. Wu. Impact of the Supervisor on Worker Safety Behavior in Construction Projects. Journal of Management in Engineering, 2015, 31(6).

[21] Hoffmeister, K. , et al. , The Differential Effects of Transformational Leadership Facets on Employee Safety. Safety Science, 2014, 62：68-78.

[22] Choi, B. , S. Ahn, and S. Lee, Construction Workers' Group Norms and Personal Standards Regarding Safety Behavior：Social Identity Theory Perspective. Journal of Management in Engineering, 2017, 33(4).

[23] Guo, B. H. W. , T. W. Yiu, and V. A. Gonzalez, Does company size matter? Validation of an Integrative Model of Safety Behavior Across Small and Large Construction Companies. Journal of Safety Research, 2018, 64：73-81.

[24] Shin, M. , et al. A System Dynamics Approach

for Modeling Construction Workers′ Safety Attitudes and Behaviors. Accident Analysis and Prevention, 2014, 68: 95-105.

[25] Fang, D. P. , et al. An Experimental Method to Study the Effect of Fatigue on Construction Workers′ safety Performance. Safety Science, 2015, 73: 80-91.

[26] Chen, Y. T. , B. McCabe, and D. Hyatt, Impact of Individual Resilience and Safety Climate on Safety Performance and Psychological Stress of Construction Workers: a Case Study of the Ontario Construction Industry. Journal of Safety Research, 2017, 61: 167-176.

[27] Clarke, S. , An Integrative Model of Safety Climate: Linking Psychological Climate and Work Attitudes to Individual Safety Outcomes Using Meta-analysis. Journal of Occupational and Organizational Psychology, 2010, 83 (3): 553-578.

[28] Tholen, S. L. , A. Pousette, and M. Torner. Causal Relations between Psychosocial Conditions, Safety Climate and Safety Behaviour-A multi-level Investigation. Safety Science, 2013, 55: 62-69.

[29] Cheng, T. , et al. Data Fusion of Real-Time Location Sensing and Physiological Status Monitoring for Ergonomics Analysis of Construction Workers. Journal of Computing in Civil Engineering, 2013, 27(3): 320-335.

[30] Jeelani, I. , K. Han, and A. Albert, Automating and Scaling Personalized Safety Training Using Eye-tracking Data. Automation in Construction, 2018, 93: 63-77.

[31] Lin, P. , et al. Real-Time Monitoring System for Workers′ Behaviour Analysis on a Large-Dam Construction Site. International Journal of Distributed Sensor Networks, 2013.

[32] Cavazza, N. and A. Serpe. The Impact of Safety Training Programs on Workers′ Psychosocial Orientation and Behaviour. Revue Internationale De Psychologie Sociale-International Review of Social Psychology, 2010, 23(2-3): 187-210.

[33] Ho, C. L. and R. J. Dzeng. Construction Safety Training via e-Learning: Learning Effectiveness and User Satisfaction. Computers & Education, 2010, 55(2): 858-867.

[34] Lingard, H. The Effect of First Aid Training on Australian Construction Workers′ Occupational Health and Safety Motivation and Risk Control Behavior. Journal of Safety Research, 2002, 33(2): 209-230.

[35] Sun, J. D. , X. C. Wang, and L. F. Shen. Chinese Construction Workers′ Behaviour Towards Attending Vocational Skills Trainings: Evolutionary Game Theory with Government Participation. Journal of Difference Equations and Applications, 2017, 23(1-2): 468-485.

[36] Choudhry, R. M. , Implementation of BBS and the Impact of Site-Level Commitment. Journal of Professional Issues in Engineering Education and Practice, 2012, 138(4): 296-304.

[37] Zhang, M. Z. and D. P. Fang, A Continuous Behavior-Based Safety Strategy for Persistent Safety Improvement in Construction Industry. Automation in Construction, 2013, 34: 101-107.

[38] Heng, L. , et al. Intrusion Warning and Assessment Method for Site Safety Enhancement. Safety Science, 2016, 84: 97-107.

[39] Guo, H. L. , et al. The Availability of Wearable-device-based Physical Data for the Measurement of Construction Workers′ Psychological Status on Site: From the Perspective of Safety Management. Automation in Construction, 2017, 82: 207-217.

[40] Burns, C. and S. Conchie. Risk Information Source Preferences in Construction Workers. Employee Relations, 2014, 36(1): 70-81.

［41］ Feng，Y. B.，et al. Risk-Compensation Behaviors on Construction Sites：Demographic and Psychological Determinants. Journal of Management in Engineering，2017，33(4).

［42］ Feng，Y. B. and P. Wu. Risk Compensation Behaviours in Construction Workers' Activities. International Journal of Injury Control and Safety Promotion，2015，22(1)：40-47.

基于C♯的派工单自动生成系统设计

申琪玉　王如钰　苏　昳

（华南理工大学土木与交通学院，广州　510000）

【摘　要】 以港珠澳大桥澳门口岸管理区境外停车库工程项目为基础，采用计算机编程手段建立派工单自动生成系统，实现施工现场派工管理的自动化。首先对目标工程进行实地调研调查施工现场派工制度并获取相关数据文件；然后以调研结果为基础、以用户需求为核心、以体验至上为原则，从界面和功能两个方面对派工单自动生成系统进行设计，并利用编程手段实现设计内容；最后，使用项目实际数据对软件进行测试，对软件的正确性以及完整性进行评估。

【关键词】 派工单自动生成；派工管理；软件设计；自动化管理

Design of Automatic Generation System for Dispatching Work Orders Based on C♯

Qiyu Shen　Ruyu Wang　Yi Su

（School of Civil Engineering and Transportation，South China University of Technology，Guangzhou　510000）

【Abstract】 Based on the overseas parking garage project of Macao port management area of Hong Kong-Zhuhai-Macao Bridge, this study adopts the computer programming method to establish the automatic dispatching system in order to implement automation of construction site dispatching. Firstly, this study investigates the dispatching system and obtain the relevant data files with the methods of field survey; then, based on the results of research, the core of user needs and the principle of user experience, designs the automatic dispatching system from two aspects of interface and function, and realizes the function of design by programming; finally, tests the software using the actual data of the overseas parking garage project, so as to assess the correctness and the integrity of the software.

【Key words】 Automatic Dispatching System；Dispatching Management；Software Design；Automatic Management

1 引言

在现在的社会中，计算机技术的飞速发展为每个领域带来了福音，许多传统工艺无法实现的功能都能够利用计算机技术进行实现。互联网的实时性、数据库的共享性、电子通信的便利性，这些技术在丰富计算机领域的同时也为其他领域的发展带来了新思路[1]。同时，随着计算机智能化手段的日趋兴起，自动化、信息化、电子化成为各行各业被反复提起的新名词，也成为广大学者争相研究的对象，以求为所在领域带来革新。

施工现场管理作为建筑工程管理体系的重要部分，它的发展提高将会对建筑工程管理体系的完善有着重要的意义，因此现代社会对施工现场管理的要求逐渐提高[2]。派工管理是施工现场管理的一个方面，传统的派工管理是由管理者根据施工进度计划人工填写纸质版派工单，并对班组进行分发。而人工派工需要耗费一定的人力和时间，效率低，并且容易出现错漏；同时人工派工难以实现全方位、实时的派工管理；而且纸质版派工单不方便保管，易丢失残缺[3]；当施工现场出现问题时，不能随时查看派工单，难以责任到人。所以本项研究通过对港珠澳大桥澳门口岸境外停车库工程的派工管理进行实地调研，应用计算机编程技术设计派工单自动生成系统，在一定程度上减少了相关人员的工作量，保证了派工的可靠性与准确性，提高派工的效率，同时解放了人力。

2 港珠澳大桥澳门口岸境外停车库工程实地调研

港珠澳大桥澳门口岸管理区位于珠澳口岸人工岛上，总建筑面积 58 万 m²，主要包括旅检大楼、境内车库、境外车库、配套设施和总体市政。境外停车库位于澳门口岸管理区西侧，地下一层，地上六层，底层面积约为 6 万 m²，其上各层面积约为底层一半。本次调研主要以派工单的生成、派发、反馈为主线，了解这一主线在现场的具体实施流程，调研结果如下。

2.1 项目基本信息

为了保证施工方便，施工现场平面分为 24 个区域，每个区域 2000m² 左右。每个区域由项目部内部进行编号，从 1-1 到 6-1 到 6-4 一共 24 个区域，施工进度计划根据施工区域进行编写。该工程工期一共 330 天，工程内部进度计划表包括任务名称、工期、开始时间、完成时间以及可宽延的总时间等信息，详细到以天为单位，可作为派工的依据。

该工程项目现场组织结构为管工—班长—组长的形式。施工现场人员根据专业工种进行班组分配。班组设管工、班长、组长，管工负责区域协调，班长负责材料和机械的调配，组长带领并监督工人工作，小组通常 8~15 人一组。工种人数超 100 人以上的增设工种主管，管工向主管负责。班组人员基本固定，人员调动以整个小组调动的方式为主。

2.2 项目派工流程

技术人员根据招标时确定的施工进度计划表制作施工指引图，施工指引图包含各个分区的工作内容、施工时长以及所需人数；管工根据施工指引图结合经验决定派到各个施工区域工作的班组；班组班长根据派工任务安排小组进行工作，并在管工日志（图1）上以小组为单位记录每位工人工作时长、工作内容以及工作地点，每位工人都需要签名作为证明；管工需要对每日产生的管工日志进行抽查签字。每日工作后，由验收组进行验收检查，并记录检查结果。

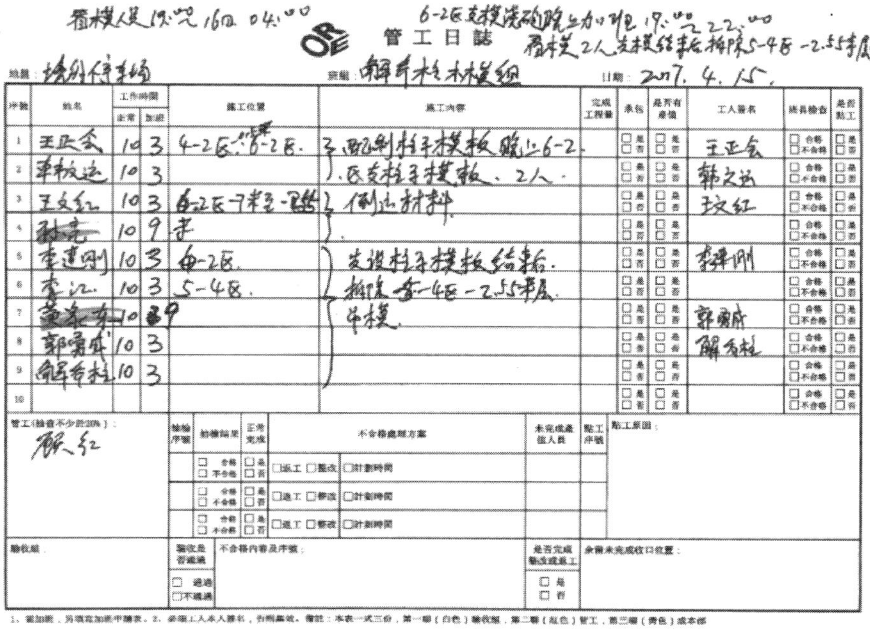

图1　境外停车库工程施工日志

2.3　派工单自动生成系统的优越性

派工工作在每一个项目中都至关重要，通过调研得知目前施工现场管理一般采用人工管理，派工单也大多为手写纸质版。这样不仅耗费人力与时间，也难以保存整理派工单，出现问题时，很难及时找出相应的派工单查看[4]。而采用派工单自动生成系统能够很好地解决这些问题，主要体现在以下几个方面：

（1）减少工作量。一般工程仅需要查阅的图纸就达数十项之多，大型工程甚至能达到上百项。若完全采用人工进行提取每天的工作内容，并合理分配给施工班组，工作量较大且极易出现错漏[5]。采用派工单自动生成系统，系统自动提取每天工作内容，管工点选便可以进行派工，减少不必要的工作量。

（2）实现随查随看。纸质版派工单数量较多，且发放到班组手中，难以保证及时回收查看。采用派工单自动生成系统，管工的派工操作直接被记录在系统当中，实现派工管理的无纸化、规范化。

（3）提高动态调整能力。现场派工需要与实际施工情况进行结合，采用派工单自动生成系统，可以及时在系统中反馈施工情况，实现信息传递的零时差，实现派工管理的动态调整。

3　派工单自动生成系统软件设计

3.1　模型架构与运行流程

本项研究使用C♯语言，运用Microsoft Visual Studio软件进行软件设计。通过对调研的施工现场的派工流程的梳理和对软件运行的分析，初步确定了表现层—业务层—资源层的三层架构[6]（图2）。

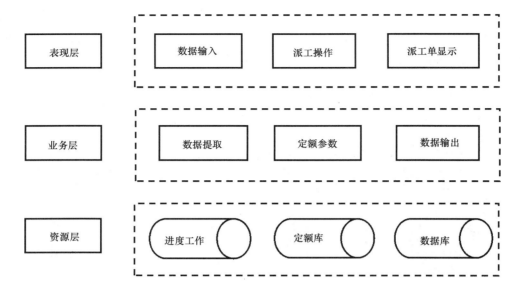

图 2　模型架构

表现层是用户与系统进行交流的窗口，其中数据输入主要是用户登录以及基础数据的输入，因此操作界面必须简明易懂，适用于各类型用户，实现人机对话[7]。业务层是系统后台运行的逻辑基础，需要将表现层的操作以及资源层的数据进行处理，通过辨认用户的需求，来给出相对应的反应。资源层是系统运行的基础，工程进度数据作为提取每日工作内容的基础，定额库提供系统后台计算的资源，数据库则储存用户基本信息，以及操作信息。

3.2　三大模块的设计

3.2.1　功能设计

设计派工单自动生成系统要充分结合现场调研结果，满足项目实际需求。根据现场调研结果可知，主要由管工进行派工管理，而项目经理作为整个项目的总指挥，必然要对整个项目的派工情况进行把控，因此软件将针对管工和项目经理两个用户人群。整个系统应实现以下几个功能：（1）自动从进度计划中提取每日工作任务，对应不同工种，生成每个工种每日需要完成的工作任务，并根据定额计算工程

量、工时以及所需人工；（2）留有管工操作页面，管工根据每日工作信息进行派工，系统自动生成派工单，并储存到数据库中；（3）设置反馈操作页面，实现随时随地反馈施工实况，所有用户信息共享。具体功能设计如图 3 所示。

3.2.2　界面设计

根据功能设计对应的操作界面，首先要保证各个界面所包含的内容能够满足功能需求，其次界面布局合理，符合用户操作习惯，再者界面与界面之间的交互跳转要流畅。利用 Microsoft Visual Studio 软件进行界面设计时，可以运用该软件自带的 Windows 窗体控件库在窗体上添加控件来实现[8]。根据需要一共设计了 11 个界面。

软件登录界面，由用户输入账号密码，点选入口进入系统；初始信息页面，用于介绍项目相关信息；工作内容列表页面，用于显示管工选择的日期的所有工作内容。管工在工作内容列表界面点击班组派工后，界面跳转至班组派工界面。管工可以根据页面中所提供的每项工作任务的工程量以及所需工日的信息，结合

经验勾选工作任务以及班组进行派工。管工确定好派工任务后，点击页面左下角的派工单预览按钮，便可以看到系统自动生成的包含当前页面所选信息的派工单。当现场出现派工单任务不能按时完成的情况时，管工可以在当天的工作内容列表页面中点击进度反馈按钮跳转至进度反馈界面。部分界面如图 4 所示。

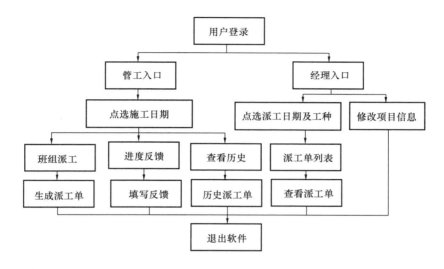

图 3　系统功能设计

图 4　系统界面设计

项目经理登录系统后，首先进入包含项目基本信息的初始页面。页面最上方是派工日期查询框以及查询按钮，项目经理点选需要查询的派工日期，点击查询，便可以查询到在选中日期生成的全部派工单。

3.2.3　数据库的建立

派工单中记录了施工班组、施工日期、施工任务、施工位置和工程量等信息，可以作为工人做工的证明，作为工资发放的依据，是一个项目不可或缺的凭证。因此派工系统不仅要能够生成派工单，还需要对派工单进行存储和提取查看。具体实现方法有以下几个方面：

（1）建立存放派工单信息的数据库。建立

Access 数据库[9]，包含 ID 数据库，即存放派工单编号的表格；以派工单编号命名的派工单

数据库，即存放生成的派工单页面内所有信息的表格（图 5）。

派工单编号 ·	派工日期 ·	项目名称 ·	工种 ·	施工日期 ·	班组名称 ·	编号 ·	施工内容 ·	施工位置 ·	工程量 ·	所需工日 ·	备注 ·	特别注意事 ·

图 5　数据库储存内容

（2）将生成的班组派工单信息存入数据库中。具体实现方法是：在程序中打开数据库，利用 SQL 语句将当前生成的派工单的编号存入 ID 表格中；新建以派工单编号命名的表格，采用 Insert Into 语句[10]将派工单中的信息写入表格相对应的列中。

（3）根据用户操作从数据库中提取相应派工单。根据项目经理点选的派工日期生成日期编号，根据点选的工种类型从工种对应表格中提取出相应的工种编号，以这两个编号合并的字符串作为查询对象，利用 Select 语句搜索数据库中的 ID 表格所记录的派工单编号，提取出包含日期及工种编号的派工单编号；并打开以该派工单编号命名的表格，利用 Read 语句提取施工班组和施工日期输出在派工单列表

界面。

4　派工单自动生成系统软件在项目中的应用

4.1　软件运行结果展示

选择进度计划表、工程量表以及定额之后，点击启动，便可以运行软件。管工输入账号密码，选择工种类型，例如模板工种，点击管工入口进入管工初始页面（图 6），项目基本信息各栏自动显示项目经理在系统中填写的项目基础信息。管工在项目管工初始页面选择查询日期，即需要派工的日期，例如模板管工选择 2017 年 3 月 15 日，点击查询，跳转至工作内容列表页面。

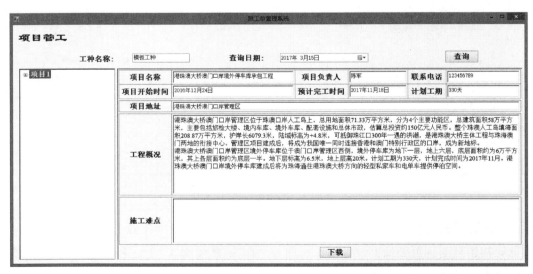

图 6　基础信息界面

工作列表页面自动生成 3 月 15 日中属于模板工种的所有工作任务，以及每项工作任务的工程量、所需工日，如图 7 所示，共有 12

项工作任务需要模板工种完成。管工点击班组派工按钮则进入班组派工界面。在此页面中点击各项工作任务前的方框，则表示选择该项工

作任务进行派工，然后点击各施工班组名称前的方框，则表示将工作任务派给该施工班组。

管工生成派工单之后点击保存则软件后台将派工单的详细信息存入数据库中（图8）。

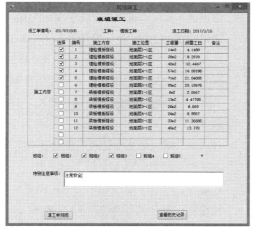

图 7　派工操作界面

图 8　数据库运行结果

项目经理操作页面与管工操作页面类似，在初始页面上选择派工日期，例如 2017 年 5 月 14 日，点击查询，便可以看到 5 月 14 日中所有派工单的列表（图 9）。点击列表中每个

派工单编号便可以查看详细信息，例如点击 2017051411010203，便可以看到 2017 年 5 月 14 日钢筋工种管工派给班组 1、班组 2 和班组 3 的派工单。

图 9　派工单列表

4.2 软件测试结果

由以上测试结果可知,本项研究设计的派工单自动生成系统能够根据用户的操作完成不同的功能,管工和项目经理拥有不同的操作系统,软件模拟的派工流程符合工程项目实际情况,系统自动生成的派工单无错漏,在功能方面基本满足用户需求。并且在多次测试过程中,派工系统都能完美按照设计预期呈现操作结果,无卡顿、错漏等情况出现,证明本项研究所设计的派工单自动生成系统软件具备一定的实用性、可行性。因此,本项研究设计的派工单自动生成系统符合预期设计。

5 结语

本文通过对港珠澳大桥澳门口岸境外停车库工程的派工管理进行实地调研,得知传统派工方式不仅需要耗费人力、物力,而且极易出现错漏,同时,纸质版派工单不便于保存查看,信息传递也有一定的滞后性,不利于施工现场的管理工作。因此,本文在此基础上利用计算机编程技术设计了符合实际项目需求的派工单自动生成系统,并通过工程具体数据进行测试,结果证明本文所设计的系统模拟的派工流程符合项目实际情况,软件运行符合预期。

参考文献

[1] 苏春富. 论建筑工程土建施工现场管理的优化策略[J]. 江西建材,2014,(4):292+296.

[2] 吕斌. 建筑工程施工新技术在施工中的应用[J]. 中国建筑金属结构,2013,(14):115-116.

[3] 徐莎,苏振民,张锦华. 基于 Visi Lean 的工程项目施工协同管理系统研究[J]. 建筑经济,2018,39(1):43-48.

[4] 颜志人. 琥珀山庄建筑施工管理信息系统——计算机辅助施工管理[J]. 建筑经济,1994(9):37-38.

[5] 赵以兵. 班组派工单管理系统设计与实现[D]. 电子科技大学,2011.

[6] 隋晓东,周丽萍. 以效率为导向的精细化派工管理[J]. 科技风,2015,(13):268.

[7] Ding L Y, Zhou Y, Luo H B, et al. Using nD Technology to Develop an Integrated Construction Management System for City Rail Transit Construction[J]. Automation in Construction,2012,21(7):64-73.

[8] Ho S P. Developing BIM-assisted as-built Shedule Management System for General Contractors [J]. Journal of Civil Engineering & Management,2014,20(1):47-58.

[9] 韦明,刘树英. 计算机辅助派工的设计与实现[J]. 昌潍师专学报,2001,(2):51-52+71.

[10] 黄红娟. 计算机信息技术在项目施工管理中的应用[J]. 科技与企业,2016,(7):18-19.

行业发展

Industry Development

基于 KMV 模型的建筑企业信用风险评估
——以建筑业上市公司为例

胡馨莹　王孟钧　王青娥

（中南大学土木工程学院，长沙　410075）

【摘　要】当前我国建筑领域信用缺失极其严重，严重阻碍了建筑市场的健康发展，加强市场主体的信用风险管理，对信用风险进行评估度量成为亟须解决的问题。本文提出了一种新的量化方式，运用 KMV 模型评估建筑企业信用风险。选取 2012～2018 年，12 家建筑业上市公司为研究样本，依据无风险利率、企业负债结构、企业股权价值及其波动率等参数对信用风险进行度量，结果表明：KMV 模型能够有效评估建筑企业信用风险，具有一定的识别、预警能力。

【关键词】信用风险；建筑企业；KMV 模型

Construction Enterprise Credit Risk Assessment Based on KMV Model: Sutdy from Listed Companies in Construction Industry

Xinying Hu　Mengjun Wang　Qinge Wang

(School of Civil Engineering of Central South University, Changsha　410075)

【Abstract】At present, the lack of credit in the construction field is extremely serious in China, which seriously hinders the healthy development of the construction market. Therefore, it is urgent to strengthen the credit risk management, evaluate and measure the credit risk. In this paper, using the KMV model to building enterprise credit risk assessment, selection from 2012 to 2018, 12 construction industry listed companies as research samples, considering the influence of risk-free interest rate, corporate debt structure, corporate equity value and its volatility, results show that the KMV model can effectively evaluate the credit risk of construction enterprises，

and has certain identification and early warning ability.

【Key words】 Credit Risk；Construction Enterprises；KMV Model

1 引言

随着我国建筑业快速发展的同时，伴随着大量市场失信问题出现，严重阻碍了建筑市场的健康发展，信用风险已成为政府、企业等不可忽视的存在。信用风险是指在企业信用交易过程中，交易的一方不能履行或不能全部履行给付承诺而给另一方造成损失的可能性[1]，因而又被称为违约风险。目前我国社会信用体系尚在建设之中，建筑市场信用评级工作仍处于起步阶段，信用风险的高低影响着企业信用水平的高低，是进行企业信用评级时可供参考的因素。目前我国的信用评级方法尚不成熟，结果可信度不高，信用风险的科学度量可对其进行优化。因此，如何对建筑企业信用风险进行准确评估，为企业信用评级提供可靠依据，值得深入研究。

由于信用风险难以度量，目前我国对于信用信息数据收集不够完善[2]，传统的评估方法缺乏科学的量化分析，多采用定性与定量相结合的方法[3]，需要依靠管理者主观经验判断。近年来，也出现了 Credit Metrics、Credit Risk＋、Credit Portfolio View、KMV 等现代信用风险度量模型。结合各模型的优缺点，以及建筑企业的特点[4]，本文运用 KMV 模型，以建筑业上市公司为例，研究了 KMV 模型对建筑企业信用风险的评估与预测能力。

2 文献综述

KMV 模型是 1993 年由 KMV 公司在 Black-Scholes（BS）模型和 Merton 期权定价模型基础上提出的信用风险度量模型[5]。

KMV 公司以及许多国外学者都通过实践研究验证了模型的有效性。

Matthew Kurbat 和 Irina Korablev 选用上千家美国公司的样本数据验证了 KMV 模型的有效性[6]。Peter Crodbie 和 Jeff Bohn 选用金融类公司为样本，验证了 KMV 模型在发生信用事件时或破产前能够准确灵敏地监测到公司信用风险的变化[7]。Lee 提出了一种基于遗传算法的新方法来确定 KMV 模型的最优默认点，将 GA-KMV 模型与 QR-KMV 和 KMV 模型进行比较[8]。Voloshyn 和 Ihor 提出了一种新的基于 KMV 模型的企业信用额度估计方法，它考虑到公司可能将新债务投资于与现有资产质量不同的新资产这一可能[9]。

国外学术界对 KMV 模型的验证已经充分地证实了此模型在信用风险评估方面的适用性，并且在 2004 年出台的《巴塞尔新资本协议》中也推荐使用，KMV 模型用于银行内部评级。由此可见，KMV 模型在这一领域的应用已经得到充分的认可。

我国对 KMV 模型的研究从 2000 年开始，由于我国市场环境与西方发达国家不同，因此我国学者主要针对 KMV 模型在我国适用性和参数调整方面进行了许多研究探讨，取得了一定的成果。

张能福对违约点的参数进行修正，得出新的违约点为 $DPT=1.8×长期负债＋1.2×短期负债$[10]。章文芳运用最小错判法来求符合我国上市公司的违约点，$DPT=1.2×长期负债＋3.05×短期负债$[11]。于敏利用线性回归模型计算得到 $DPT=0.330×长期负债＋0.678×短期负债$[12]。谢远涛通过实证得出在股价波动率的计算中，采用 GARCH（1，1）模型计算的股价波动率比采用静态模型更加准确[13]。

史碧菡、方化研究了 KMV 模型在制造业上司公司中的适用性，分析了 2016—2017 年上千家上市公司各季度的违约距离，研究发现 KMV 模型能够及时地监测到上市公司违约风险水平的变化并发出预警信号[14]。张晓耀将 KMV 模型运用于贵州上市公司信贷风险评价研究，发现经营状况较好的企业违约距离普遍大于经营状况较差的企业，违约概率小于经营状况差的企业[15]。李国香、朱正萱选取了绩优类和绩差类总共 10 家上市房地产公司，研究证明 KMV 模型在我国房地产市场信用风险管理领域有不错的应用效果[16]。但目前尚未有学者将 KMV 模型运用于建筑企业信用风险评估，因此本文将针对这个问题进行研究。

3　KMV 模型建立

KMV 模型是量化信用风险的金融模型，采用期权的思想来分析公司的资产价值情况，将公司在未来的股权价值看作一个欧式看涨期权，以公司未来在资产市场的价值为标的，以公司未来的债务账面价值为执行价格。模型认为当公司的资产价值低于某一特定水平时，公司就会违约。这一特定水平即为违约触发点，是当公司的资产价值恰好等于负债面值时的点。

利用 KMV 模型度量信用风险，主要分为三步：估计资产市场价值及其波动率、计算违约距离、计算违约概率。

资产市场价值及其波动率可通过股权价值及其波动率得出，公司的股权价值是以公司资产价值为标的的看涨期权，可以表示为：

$$E_t = V_t N(d_1) - De^{-rT} N(d_2)$$
$$= f(V_t, \delta_V, D, r, T) \tag{1}$$

其中 $d_1 = \dfrac{\ln \dfrac{V_t}{D} + \left(r + \dfrac{\delta_V^2}{2} \right) T}{\delta_V \sqrt{T}}$,

$$d_2 = \frac{\ln \dfrac{V_t}{D} + \left(r - \dfrac{\delta_V^2}{2} \right) T}{\delta_V \sqrt{T}} = d_1 - \delta_V \sqrt{T}$$

式中，E_t 表示股权价值，V_t 表示资产价值，δ_V 表示其波动率，$N(\ )$ 表示正态分布累计概率，D 表示负债面额，r 表示无风险利率，T 表示负债到期日即债务期限。根据 Ito's Lemma 定律，股权价值波动率 δ_E 可表示为：

$$\delta_E = \frac{V_t}{E_t} N(d_1) \delta_V \tag{2}$$

通过联立式（1）和式（2），在已知 E_t、δ_E、D、r、T 的条件下，可以求得资产价值 V_t 及其波动率 δ_V。

在 KMV 模型中，违约距离 DD 被定义为式（3）：

$$DD = \frac{V_t - DPT}{V_t \times \delta_V} \tag{3}$$

式中，DPT 为违约点值，处于公司的流动负债与总负债之间的某一点。

传统 KMV 模型一般假设公司资产价值服从正态分布，则通过违约距离，根据式（4）可计算出预期违约概率：

$$\begin{aligned} EDF &= P\big[E(V_A) < DPT \big] \\ &= N\Big[\frac{DPT - E(V_A)}{E(V_A) \delta_A} \Big] \\ &= N(-DD) \end{aligned} \tag{4}$$

但实际中上市公司的资产价值是否符合正态分布有待商榷，且我国目前尚未建立历史违约数据库，难以获得违约距离与预期违约概率之间的数学对应关系[10]，因此本文仅采用违约距离 DD 作为我国建筑企业信用风险评估指标。违约距离 DD 越小则表示公司的违约风险越大及信用风险越大。

4 KMV 模型风险评估实证分析

4.1 样本选取

由于目前中国证券市场的特殊性及官方信用风险数据库的缺乏，我们不能直接观测到违约的上市公司。由于所有被证券交易所实行风险警示的股票，其公司通常处于恶劣的财务状况或非正常运营状态，在证券市场被认为具有高违约风险。因此，本文以公司股票是否实施风险警示为标准对上市公司进行分类，将 ST 和 * ST 公司定义为 ST 组，将非 ST 组分为普通组与优秀组，其中优秀组为沪深 300 版块内的建筑企业，规模较大，具有一定的行业代表性，每组各随机选取 4 家建筑企业作为研究样本，具体名单如表 1 所示。

企业名单　　　　　　　表 1

组别	股票代码	公司名称
ST 组	002323	* ST 百特
	600193	ST 创兴
	600209	* ST 罗顿
	600610	* ST 毅达
普通组	600039	四川路桥
	000090	天健集团
	600133	东湖高新
	000928	中钢国际
优秀组	601618	中国中冶
	601186	中国铁建
	601390	中国中铁
	601668	中国建筑

4.2 参数选取

根据 KMV 模型的要求，对信用风险进行度量需要股权价值 E 及其波动率 δ_E、违约点 DPT、无风险利率 r、债务期限 t 共 5 项参数，下面将具体说明参数的选取与计算规则。

（1）公司的股权价值 E：由于我国实际情况与国外其他股票市场不同，2005 年以来实行了股权分置改革，以非流通的国有股和法人股向流通股股东支付对价的方式在理论上实现了股票的全流通，然而，非流通股的价值通常还是比流通股的价值低，并不能直接以流通股价格来估算非流通股的价值。基于此，本文用每股净资产来估算非流通股的价值。每股净资产的计算方法为 $E = CP \times S + NA \times NS$。其中，$CP$ 代表流通股收盘价格，S 代表流通股数，NA 代表每股净资产，NS 代表非流通股股数。

（2）公司股权价值的波动率 δ_E：结合我国证券市场与金融市场发展现状，使用动态模型计算上市公司股权价值波动率会产生较大误差，因此本文选用静态模型求得股票波动率[17]。假设上市公司的股票价格服从对数正态分布，该方法中的股票收益率为：$u_i = \ln \frac{s_i}{s_{i-1}}$。其中，$u_i$ 表示股票的周收益率，s_i 表示第 i 周股票的收盘价，s_{i-1} 表示第 $i-1$ 周股票的收盘价。股票收益率的波动率公式为：$\delta_e = \sqrt{\frac{1}{n-1} \sum_{i=1}^{n} (u_i - \overline{u_i})^2}$。式中，$\delta_e$ 表示股票收益的周波动率，$\overline{u_i}$ 表示一段时间内股票的周平均收益率，再有：$\delta_E = \delta_e \sqrt{M}$。式中，$\delta_E$ 表示股票收益的年波动率，M 表示一年中实际交易周的次数（取一年 250 个交易日，50 个交易周）。

（3）违约点 DPT：在传统 KMV 模型中，违约点这个参数的设定主要基于期权定价理论，另外，根据对大量违约数据的分析结果，KMV 公司认为最频繁发生的债务违约点处于公司短期负债加上 50% 的长期负债的数值。国内的许多学者都曾对违约点的计算进行过修正，但尚未有统一的结果，因此本文沿用 KMV 公司所提供的债务违约点计算方法：$DPT = STD + 0.5 \times LTD$。式中，$STD$ 表示短期负债，LTD 表示长期负债。

（4）无风险利率 r：国债收益通常被认为无风险，本文选取中国债券网发布的 2012—2018 年《中债国债收益率曲线标准期限信息》中 1 年期的国债收益率近似作为无风险利率。由于中债国债收益率曲线每天都会发生调整，因此以计算周期内 1 年期的国债收益率平均值作为无风险利率。

（5）债务期限 t：企业债务分为长期负债和短期负债，其中短期负债在一年内清算，而还款期限超过一年的属于长期负债。为了控制资金成本且提高资金利用率，一般企业尽量减少长期贷款业务，因此实际企业的短期债务占比较高，对资金链产生较大影响。因此，综上考虑，本研究将债务期限设定为一年。

4.3　结果分析

运用 MATLAB 软件进行计算，求解违约距离 DD，得到 ST 组、普通组、优秀组的违约距离，汇总如表 2 所示。

违约距离　　　　　　　　　　　　　　　　　　　　　　　　　表 2

		2012.6～2013.6	2013.6～2014.6	2014.6～2015.6	2015.6～2016.6	2016.6～2017.6	2017.6～2018.6
ST 组	*ST 百特	2.254	3.3659	1.7424	0.6451	1.7885	1.5429
	ST 创兴	2.1623	1.5431	1.5509	1.1227	3.3353	1.9973
	*ST 罗顿	1.1804	2.4447	3.2661	1.3208	1.277	1.1728
	*ST 毅达	2.4525	2.0788	1.5212	0.8923	2.7124	1.7885
普通组	四川路桥	1.7313	3.1185	1.1442	2.0212	3.9438	3.8118
	天健集团	2.6392	4.0141	1.6418	1.2181	3.74	2.5802
	东湖高新	2.1302	1.6936	1.6718	1.0639	3.3471	2.038
	中钢国际	3.6342	2.6545	1.6854	1.5336	1.2437	2.7821
优秀组	中国中冶	3.8551	3.6077	1.2447	1.0569	4.8553	4.418
	中国铁建	2.736	2.5271	1.2102	1.4764	3.7155	3.3586
	中国中铁	3.4034	2.7858	1.4633	1.3998	2.8224	4.8928
	中国建筑	3.5164	4.852	1.6358	1.7843	2.5893	1.7486

为了使图像更明显的体现，将各组的违约距离绘制成曲线，如图 1 所示。从图 1 可以看出，2012 年 6 月～2018 年 6 月，三组建筑企业的违约距离总体上具有相似的变化趋势。而其中的整体下降是由于 2015 年股市整体暴跌引起的，该时期的上市公司都受到不利影响，导致该时期股价波动剧烈，违约距离下降，违约风险上升。这也从侧面反映了，信用风险受整体市场经济环境影响。

通过图 1，能明显看出违约距离：ST 组＜普通组＜优秀组，这表明违约风险：ST 组＞普通组＞优秀组，ST 公司有较高的信用风险，与实际情况相符。同时也印证说明信用风险与资产规模有关这一观点[18]，同样适用于建筑企业，资产规模越大，信用风险越低。

通过图 2，将非 ST 组（普通组与优秀组）与 ST 组的相对违约距离用均值差呈现，可以发现均值差在 2016 年 6 月后逐渐增大，说明 ST 组的信用风险开始加剧。这是由于被 ST 处理的企业是属于连续 2 年及以上亏损而被退市预警，在之前尚未出现经营问题，信用风险较小，因此之前的相对违约距离较小，随后开始明显增加，说明公司经营状态恶化。从上述分析可以发现，KMV 模型能够识别出上市公司违约风险的大小，以违约距离衡量的建筑企业信用风险的差异明显，故用 KMV 模型评估建筑企业信用风险是可行的。

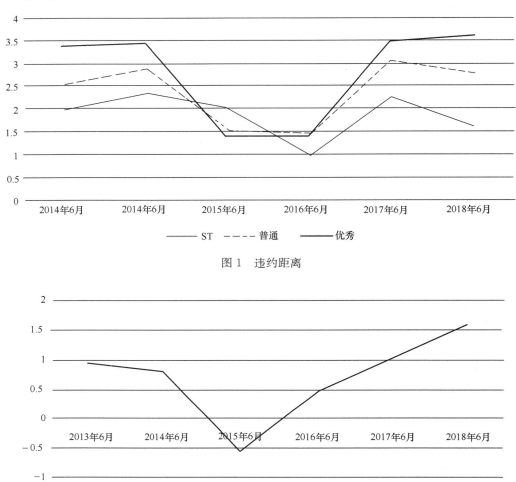

图 1　违约距离

图 2　优秀组与 ST 组违约距离均值差

5　结论

目前我国正在大力推进建筑市场信用体系建设，企业也更加重视信用管理，意识到信用风险过高可能导致的严重后果，因此针对建筑企业制定一套科学的信用风险评估方法刻不容缓。本文从信用风险基本概念出发，运用 KMV 模型对建筑企业信用风险进行评估，以建筑业上市公司为例，选取 2012 年 6 月～2018 年 6 月 12 家建筑企业，分为 ST 组、普通组与优秀组进行实证分析，得出以下结论。

（1）从 KMV 模型的输入变量来看，最终影响企业信用风险的因素包括：企业股权价值及其波动率、企业负债结构、无风险利率。因此，企业应优化企业负债结构，保证资产的稳定，使企业保持较低的违约风险，提高企业信用水平。未来可对 KMV 模型改进方法深入研究，进一步提高评估度量的准确性。

（2）信用风险受整体市场经济环境影响。研究发现所有企业的信用风险总体上具有相似的变化趋势，在市场整体经济环境恶化时，企业信用风险都会受到影响而上升。

（3）KMV 模型具有较强的信用风险识别与预警能力，KMV 模型能够区分处于不同信用风险程度的企业，计算结果与实际情况相符。通过将 ST 组与优秀组的违约距离进行比较，发现 ST 组的相对违约距离明显上升，出现被 ST 警告的前两年，即企业经营状态开始恶化时，说明 KMV 模型能够判断企业信用风险发生变化的时刻，发出预警信号。

（4）KMV 模型不仅理论基础深厚，并且在目前信用资料难以获取且真实性难以保证的情况下，直接利用资本市场的统计数据以及企业的基础财务数据，便可实现对企业信用风险的动态评估。随着我国市场不断发展完善，信息披露质量提高，KMV 模型对建筑企业信用风险评估的有效性会进一步提高。

以上结论充分说明了运用 KMV 模型能够实现建筑企业信用风险评估。通过本文所提出的方法对建筑企业信用风险进行量化评估，既可以帮助企业了解自身资产状况，及时识别信用风险的变化；也可以对企业交易或投资对象进行评估，确认对方信用水平，增强风险防范意识，合理选择合作伙伴；还可为信用服务机构对建筑企业进行信用评级时提供可靠的评判依据。

参考文献

［1］孙杰. 建筑企业信用风险管理体系研究［J］. 建筑设计管理，2006（06）：28-30.

［2］赵浩，鲁亚军，胡赛. 基于改进型 KMV 模型的中国上市公司信用风险度量研究［J］. 征信，2018，36（7）：6-12.

［3］陈影. 企业信用风险评估文献综述——基于方法导向［J］. 现代商贸工业，2013，25（09）：27-28.

［4］杨秀云，蒋园园，段珍珍. KMV 模型在我国商业银行信用风险管理中的适用性分析及实证检验［J］. 财经理论与实践，2016，37（01）：34-40.

［5］Altman E I，Saunders A . Credit Risk Measurement：Developments over the Last 20 years［J］. Journal of Banking & Finance，1997，21（11-12）：1721-1742.

［6］Matthew Kurbat，Irina Korablev . Methodology for Testing the Level of the EDFTM Credit Measure［R］. White Paper，Moody's KMV. 2002.

［7］Peter Crosbie，Jeffrey R Bohn . Modeling Default Risk［R］. White Paper，Moody's KMV. 2003.

［8］Lee W C . Redefinition of the KMV Model's Optimal Default Point Based on Genetic Algorithms——Evidence from Taiwan［J］. Expert Systems with Applications，2009，38（8）：10107-10113.

［9］Voloshyn I . Usage of Moody's KMV Model to Estimate a Credit Limit for a Firm［J］. Social Science Electronic Publishing，2015.

［10］张能福，张佳. 改进的 KMV 模型在我国上市公司信用风险度量中的应用［J］. 预测，2010，29（5）：48-52.

［11］章文芳，吴丽美，崔小岩. 基于 KMV 模型上市公司违约点的确定［J］. 统计与决策，2010（14）：169-171.

［12］于敏，尹文超. 修正的 KMV 模型及其在我国上市公司信用风险度量中的应用［J］. 企业科技与发展，2014（5）：17-20.

［13］谢远涛，蒋涛，杨娟. 基于尾部依赖的保险业系统性风险度量［J］. 系统工程理论与实践，2014，34（8）：1921-1931.

［14］史碧菡，方华. KMV 模型在我国制造业上市公司中的适用性研究［J］. 中国物价，2018（11）：76-78.

［15］张晓耀. 基于 KMV 模型的贵州上市公司信贷风险评价研究［J］. 经济研究导刊，2018（31）：69-71＋73.

［16］李国香，朱正萱. 应用 KMV 模型分析房地产

行业信用风险[J]. 中国房地产，2015（33）：28-34.

[17] 张崇宇. 基于 KMV 模型的我国房地产公司信用风险度量研究[D]. 中国地质大学（北京），2018.

[18] 张泽京，陈晓红，王傅强. 基于 KMV 模型的我国中小上市公司信用风险研究[J]. 财经研究，2007(11)：31-40＋52.

"一带一路"重大工程行业投资高危风险项目
特征识别研究

胡　毅　朱俊霏　宋津名　顾沁婕　刘莹莹　杨皓博

（同济大学经济与管理学院建设管理与房地产系，上海　200092）

【摘　要】　由于重大工程关联的行业投资涉及金额巨大、投资回收期长，往往面临着非商业原因引发中止或暂停等风险的威胁。结合我国在 2005—2018 年之间对"一带一路"国家的 111 项重大工程行业投资高危风险项目，从投资年份、区域分布、行业差异、投融资模式和典型案例的角度分析其高危风险项目特征。结果表明这些投资高危风险项目主要集中于能源、金属矿业、交通运输等行业，并在区域分布和投融资模式方式上存在显著性差异。研究结果对于相关研究和实践具有一定的参考价值。

【关键词】　"一带一路"；重大工程行业投资；高危风险；特征

Identifying the Failure-risk Characteristics of
"Belt and Road"Megaproject Investment

YiHu　Junfei Zhu　Jinming Song　Qinjie Gu　Yingying Liu　Haobo Yang

（Department of Construction Management and Real Estate，School of
Economics and Management Tongji University，Shanghai 200092）

【Abstract】　As megaproject investments involve a large scale and long payback periods，they face a significant risk of failure（e. g.，termination or being abandoned）due to non-commercial factors. Based on 111 megaproject investments between 2005 and 2018，the characteristics of these projects are identified in terms of investment years，located regions，associated industries，financial models and typical cases. The results indicate that the risks are mainly associated with energy，transport and metals industries，and they vary in located regions and financial models. These findings are useful to relevant research and practice.

【Keywords】　One Belt and Road；Megaproject Investment；Failure Risk；Characteristic

1　引言

长期以来，通过重大工程的方式进行集中性建设，推动城镇化建设和产业升级转型是我国的重要历史经验[1]。随着我国重大工程国际化战略的实施，尤其是"一带一路"的倡议提出后，这一方式也成为我国进行对外投资的重要方式。但是与常规项目投资相比，重大工程关联的行业投资涉及金额巨大，往往达到一亿美元以上，并涉及交通运输、能源、通信等不同类型行业，对国民经济和社会发展有重要影响，项目投资回收期长、不确定性高，具有高收益与高风险并存的特点，导致重大工程行业投资项目风险尤为突出[2,3]。据美国"中国全球投资追踪（China Global Investment Tracker，CGIT）"数据库[4]，在 2005—2018 年之间，我国参与的"一带一路"重大工程投资项目数量达到 509 项，涉及金额 4248.7 亿美元，但是超过 27％的投资项目暂停或中止，处于高危风险状态。

针对重大工程高危风险的问题，现有研究还涉及较少，传统研究主要聚焦于宏观层面投资环境风险识别和微观工程投资项目风险分析两方面[5~8]。前者主要结合政治、经济和社会文化等宏观投资环境要素，量化分析宏观环境风险状况对于工程投资项目决策的影响[5,7]；后者主要结合能源、电力等某些特定行业，分析工程投资项目在实施层面的主要风险维度和指标及其对项目实施的潜在影响[7]，并尝试提出可能的应对策略[5]。但是，这些研究比较忽视从中观层面出发，对既有的重大工程投资行业高危风险项目特征分析，揭示国际重大工程行业投资高危风险的时空分布、行业分布及投资主体等关联的特征[8]。

本研究主要结合我国参与的"一带一路"重大工程行业投资实际数据，重点对其时空分布、行业差异及其投资主体等特征进行分析，揭示我国"一带一路"重大工程行业投资项目高危风险的内在经验规律。

2　研究方法

研究选取由美国企业研究所（American Enterprise Institute）和传统基金会（The Heritage Foundation）所发起和建设的 CGIT 数据库。该数据库收录了我国 2005～2018 年间参与的 1757 项海外投资项目的基本情况，包括每项投资项目的时间、投资金额、行业、投资模式等详细信息。

如表 1 所示，根据 CGIT 数据库信息，对"一带一路"沿线投资总额超过 1 亿美元的重大工程投资项目共计 509 项，涉及投资总额 4248.7 亿美元；约有 111 个重大工程投资项目由于缺乏政府支持、当地民众反对等非商业风险，处于暂停或终止等高危风险状态，累计涉及的投资总额达到 1502.5 亿美元。其中，接近 28％的重大工程投资项目处于高危风险状态，超过所有行业投资高危率（图 1）。由于重大工程的投资周期长、投资数额巨大等特点，再加之大多数"一带一路"国家政治风险较高，导致我国参与的"一带一路"重大工程投资高危风险率达到 21.8％。

2005—2018 年中国对外投资单项金额超过 1 亿美元的项目　　　　　　　　　表 1

| | 全球投资项目 | | "一带一路"沿线国家投资项目 | |
	所有投资项目	重大工程投资项目	所有投资项目	重大工程投资项目
投资项目总数	1757	1110	697	509
投资项目总额（亿美元）	15199.5	9970.0	5294.0	4248.7

	全球投资项目		"一带一路"沿线国家投资项目	
	所有投资项目	重大工程投资项目	所有投资项目	重大工程投资项目
高危风险项目数量	269	184	135	111
高危风险项目金额（亿美元）	3810.2	2791.3	1680.2	1502.5
项目数量高危风险比率	15.3%	16.6%	19.4%	21.8%

3 数据分析与讨论

研究选取 111 项"一带一路"重大工程行业投资高危风险项目作为分析对象，下面将从投资年份、地区分布、行业分布、投融资模式及典型案例特征五个维度进行分析。

3.1 "一带一路"重大工程行业投资高危风险的年份分布

如图 1 所示，近十年来，我国"一带一路"重大工程行业投资项目的高危风险比率呈下降趋势，这表明我国对外投资整体成熟度在逐步提升。但由于重大工程行业投资额巨大且时间跨度长，个别年份也有所波动。如表 2 所示，在 2006—2018 年间，平均年高危项目 8.5 个，年涉及金额 115.6 亿美元，且 2011—2015 年间波动较大，但在 2016 年以后，重大工程高危风险项目数量和涉及金额都有所降低。

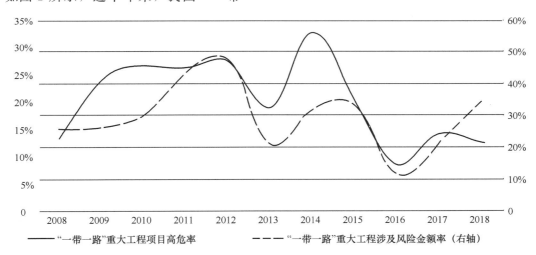

图 1 2005～2018 年间"一带一路"国家重大工程投资高危风险比率变化

3.2 "一带一路"重大工程投资高危风险的区域差异

我国对"一带一路"沿线国家重大工程行业投资的重心主要围绕在东亚、西亚及非洲区域，这些地带自然矿场资源丰富，但基础设施等建设相对落后。其中，阿拉伯中东和北非、西亚、东亚地区出现重大工程高危项目的比例明显高于其他地区（表 2），这三个地区涉及了利比亚、伊朗、伊拉克、缅甸、越南等政治风险相对较高的国家。尽管这些国家基础设施水平也较低，这些地区既为我们的投资带来机遇，同时也暗含着相当的风险[9]。例如 2011 年的利比亚政局动荡造成 200 亿美元资金在利比亚"打水漂"。此外，以投资项目高危风险比率来看，阿拉伯中东和北非、北美位居前列，这表明即便在政治风险较低的区域，重大工程投资也有可能出现高危风险，需要予以关注。

2005—2018 年间"一带一路"地区
重大工程项目高危风险分布 表2

地区	重大工程投资项目总数	重大工程投资高危风险项目总数	高危风险项目比例
东亚	140	30	17.6%
西亚	111	27	19.6%
撒哈拉以南非洲	78	27	25.7%
阿拉伯中东和北非	21	15	41.7%
欧洲	25	5	16.7%
南美	19	5	20.8%
北美	4	2	33.3%
合计	398	111	21.8%

注：对"一带一路"七大地区划分如下：①西亚：包括阿富汗、孟加拉国、伊朗、印度、巴基斯坦、哈萨克斯坦、俄罗斯、土耳其、斯里兰卡、乌兹别克斯坦、格鲁吉亚及尼泊尔；②撒哈拉以南非洲：包括安哥拉、刚果、埃塞俄比亚、加蓬、肯尼亚、尼日利亚、赛拉利昂、赞比亚及、津巴布韦；③南美：包括玻利维亚、智利、圭亚那、委内瑞拉、特立尼达及多巴哥；④欧洲：包括保加利亚、捷克、希腊、以色列、波兰、罗马尼亚及乌克兰；⑤东亚：包括柬埔寨、印度尼西亚、马来西亚、蒙古、缅甸、菲律宾、新加坡、韩国、泰国、越南、巴布亚新几内亚、东帝汶及新西兰；⑥阿拉伯中东和北非：包括阿尔及利亚、沙特阿拉伯、伊拉克、利比亚、卡塔尔及叙利亚；⑦北美：包括哥斯达黎加和古巴。

3.3 "一带一路"重大工程行业投资高危风险的行业分布

表 3 说明了我国在 2005—2018 年间对"一带一路"沿线国家重大工程投资项目的行业分布，其中能源（2464.6 亿美元）、金属矿业（777.3 亿美元）、交通运输（579.1 亿美元）及房地产（427.7 亿美元），占到中国对外投资项目总和的 73%。从重大工程投资高危风险项目的行业分布来看，交通运输业涉及

重大工程投资高危风险项目的比率最高，超过 50%，其次是能源业，金属矿业和房地产业次之。因此，对于涉及能源和交通运输业风险较高的海外重大工程投资，企业需要保持审慎的态度，加强对行业风险的关注。此外，注意到，进入 2018 年"世界五百强"的 120 家中国企业也大多集中在能源、采矿、交通运输等重大工程关联行业，他们也往往是相关行业的海外重大工程投资主体，尽管这些我国企业具有一定的整体规模竞争优势，但仍需要对于相关行业的海外重大工程投资保持高度的警觉。

中国对"一带一路"重大工程投资
涉及行业高危项目比例
（单位：亿美元） 表3

行业	"一带一路"投资项目		"一带一路"重大工程投资高危风险项目		高危风险比率
	数量	金额	数量	金额	
能源业	242	2464.6	55	837.4	22.7%
金属矿业	107	777.3	19	205.3	17.8%
交通运输业	85	579.1	29	340.8	34.1%
房地产业	75	427.7	8	119	10.7%
合计	509	4248.7	111	1502.5	21.8%

注：该表仅考虑能源、金属矿业、交通运输及房地产业四个与重大工程投资相关的行业，没有考虑农业、物流等其他相关度较低的行业。

3.4 "一带一路"重大工程行业投资高危风险的投融资模式分析

重大工程行业投资主要涉及绿地投资和跨国并购两种模式。前者又称创建投资，是指采用独资或合资方式在东道国新建基础设施，这一模式会给东道国带去资本存量的增长和就业的扩张，优势在于避免文化差异和国际规则差异造成的风险，且前期参与工程投融资更容易获得一手信息。后者又称褐地投资，是指母国企业与东道国企业合并成为新的商业公司，一

般涉及10％以上的股权。跨境并购优势在于扩张速度快，可以分享东道国的经济增长成果以及专利、品牌、技术等无形资产[10]。

表4总结了不同重大工程行业中选取不同投融资模式发生高危风险的项目数，可见能源业和金属矿业中绿地投资容易出现风险，且早期情况较严重，近几年有所好转，这一模式容

易引起被投资国的政府关注，在投资时应充分注意事前分析。交通运输业投资较偏好跨国并购模式，基础设施建设会给被投资国带来经济社会发展，往往注入别国资本。房地产行业近几年逐渐开始"走出去"，同样更需要关注跨国并购的风险。

中国对"一带一路"国家重大工程行业不同模式高危投资项目数　　　　表4

重大工程	模式	2009	2010	2011	2012	2013	2014	2015	2016	2017	2018	合计	总计
能源业	绿地	2	4	5	3	4	3	4	3	2	3	33	55
	并购	2	1	3	3	2	2	3	3	1	2	22	
金属矿业	绿地	1	1	2	2	2	1	1	0	0	1	11	19
	并购	0	1	1	1	1	1	1	1	0	1	8	
房地产业	绿地	0	0	0	0	0	1	0	1	0	1	3	8
	并购	0	1	0	1	0	0	1	0	1	1	5	
交通运输	绿地	0	0	3	2	1	1	0	1	1	1	10	29
	并购	1	2	1	0	3	2	4	2	3	1	19	

3.5　高危风险项目典型案例成因分析

表5列出了涉及单个项目投资金额最大的十项重大工程行业投资高危风险项目。其中，涉及能源业的项目有5项，涉及交通运输业和金属矿业各有2项，涉及房地产业有1项。这些项目时间跨度从2006年到2018年，其中2011年出现的频度最高，达到了3项，主要都是由于利比亚内战造成的政治风险对于相关投资造成了严重的不利影响。这些项目也集中

在西亚、东亚和非洲地区等投资高危风险高发地区，与上文分析的结论相一致。

值得关注的还有企业性质，以央企为主的投资占到这些重大工程行业投资高危风险项目中的90％，尽管国有央企由于其实力强大、规模完善、布局较早，一直以来都是"一带一路"重大工程投资的主力军，但由于这些企业主要涉及政治风险较高、行业风险较高的重大工程领域，因此，在对外投资过程中，需要适度控制参与的重大工程投资规模。

中国对"一带一路"国家重大工程十大高危案例（按金额排序，单位：亿美元）　　　　表5

年份	案例	行业	国家	涉及金额	企业性质	投融资模式	失败主要原因
2006	中海油气田项目	能源	伊朗	160	央企	绿地投资	政策变更、资金原因
2018	中国华信能源油田项目	能源	俄罗斯	91.8	民企	跨国并购	腐败等企业自身问题
2015	中铁拉蒂纳科高铁项目	交通运输	委内瑞拉	75	央企	跨国并购	东道国经济原因
2012	中石油南帕斯气田项目	能源	伊朗	47	央企	绿地投资	地缘政治
2011	国家电力投资集团密松水电站项目	能源	缅甸	36	央企	绿地投资；PPP	地缘政治、生态环境
2011	中国铁建沿海铁路项目	交通运输	利比亚	35.5	央企	跨国并购	政局动荡

续表

年份	案例	行业	国家	涉及金额	企业性质	投融资模式	失败主要原因
2007	中石化电力项目	能源	安哥拉	34	央企	绿地投资	地缘政治
2012	中国机械工业集团钢铁项目	金属矿业	加蓬	30	央企	绿地投资	不详
2013	中国中冶集团铜矿项目	金属矿业	阿富汗	28.7	央企	绿地投资	地缘政治、环境因素
2011	中国建筑工程总公司住宅项目	房地产	利比亚	26.8	央企	跨国并购	政局动荡

4 结语

研究主要形成以下启示：

第一，"一带一路"重大工程行业投资主要集中于能源、交通运输、金属等高危风险概率较为突出的行业，尽管我国企业在国际相关行业具有一定的整体规模竞争力，但对于经济发展程度一般、基础设施需求大且政治风险高的国家区域而言，仍需要保持审慎的态度。

第二，投资主体需要适度控制参与的重大工程行业投资规模，并对地区的政治风险予以高度关注。由于当前央企涉及高危风险行业的重大工程行业投资较多，且存在单个投资规模过大的风险，易造成投资主体的长期债务风险。

第三，要关注制造业相关的重大工程行业投资问题。当前我国对外投资主要集中于竞争比较激烈的能源、交通、金属等行业，难以对大多数仍处于工业化阶段的"一带一路"国家经济提供长期、可持续的发展动力，而我国制造行业以中小企业居多，海外投资能力弱，但从长远来看，多采用绿地投资模式的制造业重大工程投资，往往能得到当地政府、企业和民众的广泛支持，并为同一区域内能源与交通基础设施投资的长期收益提供长期保障，因此，需要对相关问题进行深入研究。

参考文献

[1] 乐云，李永奎，胡毅，等."政府—市场"二元作用下我国重大工程组织模式及基本演进规律[J].管理世界，2019，35(4)：17-27.

[2] Sanderson J. Risk. Uncertainty and Governance in Megaprojects：A Critical Discussion of Alternative Explanations [J]. International Journal of Project Management，2012，30(4)：432-443.

[3] Irimia-Diéguez, Ana I, Sanchez-Cazorla A, Alfalla-Luque R. Risk Management in Megaprojects[J]. Procedia - Social and Behavioral Sciences，2014，119：407-416.

[4] American Enterprise Institute and the Heritage Foundation［EB/OL］. http：//www. aei. org/china-global-investment-tracker/

[5] 陈继勇，李知睿. 中国对"一带一路"沿线国家直接投资的风险及其防范[J]. 经济地理，2018，38(12)：10-15＋24.

[6] Alon I, Anderson J, Bailey N J, et al. Political Risk and Chinese OFDI：Theoretical and Methodological Implications［C］//Academy of Management Proceedings. Briarcliff Manor，NY 10510：Academy of Management，2017，2017(1)：17640.

[7] 李友田，李润国，翟玉胜. 中国能源型企业海外投资的非经济风险问题研究[J]. 管理世界，2013(5)：1-11.

[8] Gellert P K, Lynch B D. Mega projects as Displacements. International Social Science Journal，2003，55(175)，pp. 15-25.

[9] 黄河. 中国企业跨国经营的政治风险：基于案例与对策的分析[J]. 国际展望，2014(03)：68-87＋156-157.

[10] 杨长湧. 投资方式选择：绿地投资 VS 并购[J]. 中国投资，2014(10)：48-56.

基于交易成本理论的虚拟建筑企业动因及组织模式研究[①]

邹　点　唐晓莹

（中南大学土木工程学院，长沙　410075）

【摘　要】　随着信息技术的飞速发展，市场观念不断更新，市场竞争日益激烈，虚拟建筑企业将成为建筑企业组织创新的趋势之一。基于交易成本理论，立足建筑市场特点，沿用 Williamson 交易成本决定因素划分，分析虚拟建筑企业动因的外部动力和内部特性，提出单盟主模式、多盟主模式和平行模式这三种组织模式，并结合港珠澳大桥岛隧工程建设组织实例分析思考。

【关键词】　虚拟建筑企业；交易成本；组织模式

Research on Motivation and Organization Model of Virtual Construction Enterprise Based on Transaction Cost Theory

Dian Zou　Xiaoying Tang

（School of Civil Engineering，Central South University，Changsha　410075）

【Abstract】　With the rapid development of information technology，the renewal of market concept and the increasingly fierce market competition，virtual construction enterprises will become one of the trends of organizational innovation of construction enterprises. Based on the transaction cost theory and the characteristics of the construction market，this paper uses Williamson's transaction cost determinants to analyze the external dynamics and internal characteristics of the motivation of virtual construction enterprises，puts forward three organizational modes，namely the single-alliance dominant mode，multi-alliance dominant mode and parallel mode，and analyses and

---

①　本研究得到国家自然科学基金应急管理项目"重大工程技术风险决策机制研究（71841028）"资助。

considers the organizational case of the construction of the island tunnel project of Hong Kong-Zhuhai-Macao Bridge.

【Keywords】 Virtual Construction Enterprises；Transaction Cost；Organizational Mode

1 引言

近年来，随着信息技术的兴起与迅猛发展，网络经济突破实体界限日益加强世界各地区联系，相互竞争又开放合作的新市场观念正在形成，建筑市场的体制、机制发生深刻变革，建筑产品生产的管理思想、手段等也在逐渐转变。同时随着我国建筑市场逐渐规范和开放，我国面向全球招标的项目增多，建筑产品趋于大型化、个性化、高质化，市场竞争日益激烈。

面对以上机遇与挑战，我国建筑企业组织亦在不断探寻创新。传统的集团化组织具有很大的静态特征和固定成本，难以抓住瞬息万变的市场机遇。而以现代信息技术为沟通媒介、强调敏捷制造和核心优势互补的虚拟企业出现，为建筑企业的组织创新指明了新的方向。交易成本作为组织运行的重要组成部分，对组织形式、行为等的产生和变化起到了决定性作用。因此，本文基于交易成本理论，立足于建筑市场特点，对虚拟建筑企业的动因及组织模式进行研究，并结合港珠澳大桥岛隧工程建设组织实例进行分析思考。

2 文献综述

2.1 交易成本理论

交易成本的思想源于 20 世纪 30 年代，不同经济学家从不同角度出发对交易成本进行解释。Coase（1937）[1] 首次提出交易成本的思想，并在其《社会成本问题》[2] 中提出了著名的"科斯定理"，将制度形式与资源配置效率

对应起来。Arrow（1969）[3] 首次使用"交易成本"这一术语，认为交易成本是指经济制度的运行成本。Williamson（1985）[4] 认为交易成本是交易单位之间摩擦导致的成本，并较全面地探讨了影响或决定交易成本的因素，一方面为交易维度，包括资产专用性、不确定性和交易频率，一方面为人性假定，包括有限理性和机会主义倾向。North（1994）[5] 从组织生产的角度理解交易成本，认为其是规定和实施构成交易基础的契约的成本。张五常（1999）[6] 认为交易成本是没有交易、没有产权、没有任何一种组织结构的鲁滨逊经济中的不存在的所有成本。本文将成本分为三大类：生产成本、管理成本及交易成本，并认为交易成本是使用市场价格机制的成本，包括信息搜寻成本、讨价还价及订立合同成本、监督履行成本等。新制度经济学认为，现实经济生活中的各种经济组织形式、交易方式等，其相对经济优势均起源于交易成本[7]，而虚拟企业的产生正是某些情况下其交易成本最低。

2.2 虚拟建筑企业

企业、市场和中间组织这三种组织形态构成了整个社会经济组织，而虚拟企业就是中间组织的一种。虚拟企业（Virtual Enterprises），又称为企业动态联盟，于 1991 年美国里海大学 Kenneth[8] 等学者合作完成的《21 世纪制造企业研究：一个工业主导的观点》中首次提出，之后许多学者从不同角度或根据研究需要给虚拟企业以不同定义。Davidow（1992）[9] 等认为虚拟企业是指由一些独立厂商、客户甚至竞争对手通过信息技术联成的临时性网络组

织；Talluri（1996）[10]等认为虚拟企业是一些相互独立的商业过程或企业的暂时联合，这些企业在不同领域为该企业联盟贡献出自己的核心能力；另外，Jehuen(1997)[11]，Browne&Zhang(1999)[12]，Antonio(2000)[13]等都围绕虚拟企业进行了研究。虚拟企业敏捷性、动态性、信息化、核心优势互补等特点，使之成为 21 世纪组织创新的热点领域。

虚拟企业的概念引入国内后，诸多学者结合建筑业现状对其进行研究。周艳（2003）[14]提出在联营体应用实践基础上实现建筑企业从联营到虚拟化经营的转变，陈江红（2003）[15]利用虚拟组织形式构建了政府、业主、监理工程师和承包商之间的项目管理虚拟组织结构图，吴伟巍（2005）[16]通过研究虚拟建筑企业性质提出虚拟建筑企业的四种伙伴关系模式；另外尹贻林（2006）[17]、任志涛（2009）[18]等人对虚拟企业在我国工程建设中的组织模式实施、运行机理等进行了研究。目前研究大多是直接对虚拟建筑企业的组织结构、伙伴关系等进行分析，并未从交易成本角度分析其动因与组织模式，因此本文将从此角度入手进行研究。

3 虚拟建筑企业动因

新制度经济学提出并论证了市场交易成本是组织结构和组织行为产生和变化的决定性因素。本文基于 Williamson 的交易成本决定因素理论，从交易维度和人性假定两个方面对影响虚拟建筑企业产生的外部动力进行分析，并就虚拟建筑企业的内部特性进行剖析。

3.1 外部动力分析

1. 交易维度

交易维度是影响交易成本产生的重要维度，具体包含资产专用性、不确定性和交易频

率三个因素。就资产专用性而言，建筑产品生产的单件性使得其设备、区位、人力等方面资产专用性较高，因此市场交易中专用性资产持有方可能采取机会主义行为抬高己方利益，导致较高交易成本。不确定性受交易时长影响较大，建筑产品生产周期较长，为降低不确定性，建筑市场交易双方会尽可能细化合同，因此就契约签订导致的交易成本较高；纵向一体化后的建筑企业对于环境不确定性的反应相对迟缓，但近年来建筑产品趋于个性化、高质化，核心竞争力较弱或是单一的建筑企业将难以解决业主需求不确定性的问题。虚拟建筑企业将交易限制在组织内部市场，建立起有效稳定的契约关系和制度约束，有利于降低与专用资产和契约签订相关的交易成本；而且强调核心优势互补，可以快速整合各类资源，实现市场机遇的快速应变。

交易频率则会涉及企业治理结构的设置，许多建筑企业为延长产业链而合并众多业务，但同时也会造成企业低频业务版块管理成本过高。因此将交易频率高的业务交易内化可以有效降低交易成本，而将交易频率低的业务放到市场上交易更有利于降低建筑企业内部管理成本，同时通过提供更多产品或服务获得范围经济，可灵活设计的虚拟建筑企业可以较好兼顾不同交易频率下的组织结构需求。

2. 人性假定

人性假定包含有限理性和机会主义倾向两个因素。有限理性会导致交易的搜寻、等待和讨价还价的成本增加，并且为合同留下空白，从而增加履约成本。而机会主义会使人利用契约漏洞谋利，直接影响交易效率。综上，针对建筑市场上的交易，双方需要尽可能细化契约，并且采取监督、担保等方式以便不测事件的发生，双方出现分歧时还需要使用协调、仲裁等方式加以解决，而这些都必然会增加交易

成本；集团式企业组织内部会加强信息交流与相关制度保障，以降低信息不对称，加强知识管理，从而抑制有限理性，但相应也会增加管理成本。而虚拟建筑企业强调以信任机制为基础的合作，高效快速的信息交流亦有利于声誉的快速传播，从而建立起有效的声誉机制，有利于抑制有限理性和机会主义倾向。

3.2 内部特性分析

基于交易成本视角，虚拟建筑企业的产生是基于交易成本最低原则，与其组织特性上的"准市场"性以及高效高质的生产特性密切相关。

1. 可灵活设计的"准市场"组织

虚拟建筑企业是由各建筑企业及相关行业企业组成的企业联盟，其外部表现为具备完整生产功能的企业，内部存在管理秩序，但全息特性使联盟各部分仍具有相当程度的自主性[19]，其"准市场"特性有助于节约交易成本。

虚拟建筑企业内部形成的"准市场"，既具有企业的科层属性，也具有市场的价格调整属性。市场交易存在交易成本，而企业在节约市场交易成本的同时又产生了较多管理成本。虚拟建筑企业不是要让交易从企业再回到市场，而是将企业内部低效的业务"虚拟"出去，仅保留最具核心竞争优势的业务，从而形成"准市场"。虚拟建筑企业的成员企业依靠间续式契约联合在一起，实现优势互补，但仍作为独立的组织存在并保存经营自主权；另外，虚拟建筑企业把交易限制在内部市场进行，削弱现实建筑市场上的信息不对称、资源配置受限等对企业交易的影响，有组织秩序的交易市场使得各成员企业交易成本得以节约[20]。因此，虚拟建筑企业成为建筑企业节约交易成本新的组织选择。

不同于实体企业固定的运营模式和工作方法，"准市场"组织的灵活性也有利于降低交易成本。虚拟建筑企业以建筑产品生产流程为中心来进行组织设计，其组织层级较少，主要分为核心层和外围层[19]；其组织结构为网络型，具有高度灵活性和适应性，整体有利于实现动态合作和资源优化配置，降低信息损失和交易成本。

2. 高质高效的产品生产

虚拟建筑企业具有动态合作、技术手段信息化、核心优势互补等特点，可高效高质生产建筑产品，有效降低生产过程中的交易成本。

（1）建筑产品的生产地点是固定的，这就要求工程相关人员、材料、设备随产品生产移动而移动。而虚拟建筑企业可以根据项目区位特点选择成员企业进行动态合作，实现跨区域资源整合，避免不必要的资源转移成本消耗。

（2）建筑产品体量大、生产周期长，生产过程中将形成庞大信息流，对信息管理提出高要求。现代信息技术的深度应用是虚拟建筑企业的显著特征，因此信息的快速获取、传递与储存可充分实现，而基于网络的重复博弈亦可降低交易风险，减少监督履行成本。

（3）建筑产品往往是多技术、多层次、多阶段的集合体，而虚拟建筑企业是以核心优势互补为前提进行动态合作，保证了设计、施工、采购等各环节由最具竞争力的企业把控，减少讨价还价成本并获取范围经济[21]；并且采用并行工程来分配任务，可优化生产过程从而提高生产效率与质量，从而减少返工。

4 虚拟建筑企业组织模式

结构合理、运行高效的组织模式是虚拟建筑企业成功运行的保障，虚拟建筑企业可以根据外部环境和自身需要来灵活选择。陈剑和冯蔚东（2002）[22]、修国义（2006）[23]等学者都对虚拟企业的组织模式进行研究，本文基于上述研究，将虚拟建筑企业的组织模式分为单盟主模式、多盟主模式和平行模式。

4.1 单盟主模式

单盟主模式是建筑业较为常见的虚拟建筑企业组织模式，通常以实力强劲、资金雄厚的大型或超大型建筑企业作为盟主，选择合作企业组成外围层（图1）。该模式下，单个盟主企业组织并维持虚拟建筑企业的运行，提供主流的顾客价值，地位相对较为稳固，而合作企业流动性较强；组织内存在行政机制，可对成员企业进行有效监督审核。

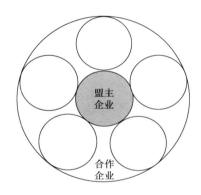

图1 单盟主模式示意图

4.2 多盟主模式

多盟主模式也是较为常用的组织模式，即多个盟主企业构成核心层，以市场机遇为中心，选择合作企业形成外围层（图2）。该模式下，核心层由具备最重要核心能力的企业联合组成，通过建立起共同的协调指挥委员会（Alliance Steering Committee）[19]或类似机构来负责整个虚拟建筑企业的构建、协调、决策、资源整合等工作；另外，核心层的认知和行为对外需要保持一致性，以保证虚拟建筑企业的运行不脱轨。

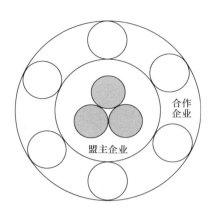

图2 多盟主模式示意图

4.3 平行模式

平行模式是一种较为理想化的虚拟建筑企业组织模式，该模式下不存在盟主，所有成员企业都完全平等（图3）。平行模式其实是多盟主模式核心层不断扩大的极端状态，是一种理想化模式。该模式下无盟主企业主持，每个成员企业都高度自治，属于高水平的自组织系统，在科层属性最弱化的同时保障了市场交易秩序化，实现高生产效率和低交易成本；但其建立需要高度信任机制约束以及清晰契约界面保障，对成员企业的硬件建设也有较高要求。

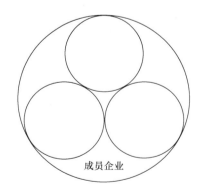

图3 平行模式示意图

5 实例分析

建筑业中已应用的中间组织有多种，如联合体、联营体、战略联盟等，这些组织打破企业实体界限，为了资源优化配置而进行合作，都应用了虚拟建筑企业的思想。以港珠澳大桥岛隧工程建设[24]为例，该工程采取设计施工总承包，以中国交通建设股份有限公司（以下简称"中国交建"）为牵头人的联合体中标（表1）。

港珠澳大桥岛隧工程设计施工
总承包联合体成员表　　　　表1

		成员名称
联合体牵头人		中国交通建设股份有限公司
施工	牵头人	中国交通建设股份有限公司
	其他成员	艾奕康有限公司（AECOM Asia Company Ltd.）、上海城建（集团）公司
设计	牵头人	中交公路规划设计院有限公司
	其他成员	丹麦科威国际咨询公司（COWI A/S）、上海市隧道工程轨道交通设计研究院、中交第四航务工程勘察设计院有限公司

（1）组建动因

用联合体进行招投标，既与港珠澳大桥复杂的工程情况有关，从交易成本角度来看也有利于联合体成员企业。作为牵头人的中国交通建设股份有限公司属于集团式组织，虽然业务链延伸较长，但内部管理层级多、制度复杂，而直接在建筑市场进行交易会产生较高交易成本，因此单独承揽工程会带来巨大的成本压力。组建联合体后，交易约束在联合体内的市场进行，中国交通建设股份有限公司可借此节约交易成本和管理成本，同时获得范围经济。相较于中国交通建设股份有限公司，其他成员企业的规模相对较小，通过联合体内有秩序的市场交易可有效降低交易成本和交易风险。

（2）组织模式

港珠澳大桥岛隧工程联合体可被视为单盟主虚拟建筑企业。联合体由总承包人掌握设计、施工方面的工作动态和进展，设计人和承包人均处于总承包人的控制下，工程活动较为

可控，也因此单盟主模式是我国目前虚拟建筑企业组建选择的主要组织模式。

（3）实施效果

港珠澳大桥岛隧工程联合体的组建，促进了设计施工联动，在牵头人的协调下，设计、施工、装备得以较好统筹，全产业链的优势资源得以高效整合，生产效率显著提高，管理成本和交易成本大大减少，为工程顺利完工提供强大助力。可见，虚拟和联盟的运作可以帮助建筑企业在全国乃至全球范围内寻找合作伙伴，降低交易成本，是建筑企业组织创新的较好选择，但是强调实体和竞争的我国建筑企业在虚拟建筑企业的认识上仍然存在局限。事实上，虚拟建筑企业的"虚拟"范围是不限定的，这意味着可以在价值链局部进行业务的"虚拟"，如港珠澳大桥岛隧工程联合体业务即聚焦在设计、施工两阶段；而且虚拟建筑企业的实现形式也有多种，包括外包、合作协议、特许经营等[25]。所以虚拟建筑企业并不"虚"，相反地，在现有建设组织中已经进行了初步应用。正确认识虚拟建筑企业，积极应用虚拟建筑企业，可有助于我国建筑业健康快速发展。

6　结论

本文基于交易成本理论，立足于建筑市场特点，对虚拟建筑企业动因及组织模式进行分析并思考，得出以下结论：

（1）基于交易成本视角对虚拟建筑企业动因进行探究，研究发现，外部动力方面，建筑市场交易会因其产品高资产专用性、高不确定性导致成本增加，且易受到有限理性和机会主义倾向限制，而建筑企业难以降低业主需求不确定性及低交易频率下的交易成本，虚拟建筑企业可有效弥补二者不足；内部特性层面，虚拟建筑企业具有"准市场"的组织特性以及高

效高质的生产特性，综上虚拟建筑企业可实现交易成本最低，是经济组织发展的必然趋势。

（2）虚拟建筑企业的组织模式可分为单盟主模式、多盟主模式和平行模式，其中单盟主模式和多盟主模式都依靠盟主企业组织和维持整个虚拟建筑企业的运作，而平行模式中各成员企业地位完全平等，是一种理想化模式。

（3）建筑业多种组织已应用虚拟建筑企业思想，结合港珠澳大桥岛隧工程建设组织实例分析思考，另外虚拟建筑企业的应用范围与实现形式也是多样化的，需正确认识其思想。

参考文献

[1] R. H. Coase. The Nature of the Firm, Economica. 1937(4)：386-405.

[2] R. H. Coase. The Problem of Social Cost. Journal of Law and Economics，1960(3)：1-44.

[3] K. J. Arrow. The Organization of Economic Activity：Issues Pertinent to the Choice of Market Versus No Market Allocation. In：Joint Economic Committee，the Analysis and Evaluation of Public Expenditure：the PPB System，Government Printing Office，1969(1)：59-73.

[4] Oliver E. Williamson. The Economic Institutions of Capitalism[M]. New York：The Free Press，1985：85-130.

[5] 诺斯. 经济史中的结构与变迁[M]. 上海：上海人民出版社，1994.

[6] 张五常. 交易费用的范式[J]. 社会科学战线，1999(1)：1-9.

[7] 卢现祥，朱巧玲 . 新制度经济学[M]. 北京：北京大学出版社，2007.

[8] Kenneth Preiss，Steven L. Goldman & Roger N. Nagel. 21st Century Manufacturing Enterprise Strategy：An Industry—Led View[M]. Iacocca Institute，Lehigh University，1991：23.

[9] W. H. Davidow，M. S. Malone. The Virtual Corporation：Structuring and Revitalizing the Corporation for the 21st Century[M]. Harper Business，1992.

[10] S. Talluri，R. C. Baker. A Quantitative Framework for Designing Efficient Business Process Alliances[A]. International Conference on Engineering Management and Control(IEMC)[C]. Vancouver，Canada，1996：656-660.

[11] Jehuen. The Virtual Corporation［EB/OL］. URL：http://www. tvshow. com. tw/whtm. 1997.

[12] J. Browne，J. Zhang. Extended Enterprise and Virtual Enterprise—Similarities and Differences[J]. International Journal of Agile Management System，1999，1(1)：30-36.

[13] L. S. Antonio，L. A. Americo，P. D. S. Jorge. Distributed Planning and Control Systems for the Virtual Enterprise Organizational Requirements and Development Life—Cycle[J]. Journal of Intelligent Manufacturing，2000，11(3)：253-270.

[14] 周艳. 在联营体基础上实施建筑企业虚拟化组织模式创新[J]. 建筑管理现代化，2003(4)：13-16.

[15] 陈江红，苏振民. 工程项目管理虚拟组织的构建及运行[J]. 基建优化，2003(6)：3-6.

[16] 吴伟巍. 关于虚拟建筑企业伙伴间关系模式及合同订立方法的研究[J]. 建筑经济，2005(10)：64-68.

[17] 尹贻林，万礼锋，蒋慧杰. 建筑业中虚拟一体化组织模式及其信任问题探讨[J]. 科技进步与对策，2006(11)：146-149.

[18] 任志涛，吕俊超. 建筑业虚拟企业项目集成管理运行机理研究[J]. 项目管理技术，2009(1)：22-25.

[19] 包国宪，贾旭东. 虚拟企业的组织结构研究[J]. 中国工业经济，2005(10)：98-105.

[20] 张富春，冯子标. 企业集团：中间组织与有组织的市场[J]. 中国工业经济，1997(12)：45-50.

[21] 贾平. 企业动态联盟的动因——联盟效应分析

[J]. 生产力研究，2001(6)：130-132＋149.

[22] 陈剑，冯蔚东. 虚拟企业构建与管理[M]. 北京：清华大学出版社，2002.

[23] 修国义. 虚拟企业组织模式及运行机制研究[D]. 哈尔滨：哈尔滨工程大学，2006.

[24] 高星林，张鸣功，方明山，等. 港珠澳大桥工程创新管理实践[J]. 重庆交通大学学报（自然科学版），2016，35(S1)：12-26.

[25] 解树江. 虚拟企业的性质及组织机制[J]. 经济理论与经济管理，2001(5)：58-61.

基于系统动力学的施工安全风险演化研究

乐　云　宋津名

（同济大学，上海　20092）

【摘　要】 近年来我国施工安全事故频发，事故风险也随着工程复杂度的提升而更难以把控，当前在事故风险演化动态性以及关联性方面的研究也存在不足。在此背景下，本文据文献总结了影响工程施工安全的风险体系，并通过专家打分法与熵值的计算确定了各风险因素的风险度，以此建立了风险演化的系统动力学模型，并验证了其有效性。

【关键词】 施工风险；风险演化；系统动力学

Research on Construction Safety Risk Evolution Based on System Dynamics

Yun Le　Jinming Song

（Tongji University，Shanghai　20092）

【Abstract】 In recent years，construction safety accidents have occurred frequently in China，and the risk of accidents has become more difficult to control with the increase of engineering complexity. At present，there are still insufficient researches on the dynamics and correlation of accident risk evolution. In this context，this paper summarizes the risk system that affects the safety of engineering construction according to the literature，and determines the risk degree of each risk factor through the expert scoring method and the calculation of entropy value. At the end，we establish the system dynamics model of risk evolution and validate its validity.

【Keywords】 Construction Risk；Risk Evolution；The System Dynamic Model

1 引言

近三年，我国建筑安全事故一直呈增长趋势。据住房城乡建设部统计数据，2018 年 1～11 月，全国共发生房屋市政工程生产安全事故 698 起、死亡 800 人，比去年同期上升

47

8.55％和6.24％，2017 年全年的同比增幅达到 9.15％和 9.80％，2016 年则达到了 43.44％和32.67％。究其原因，一方面是复杂工程日益增加，涉及风险更繁杂；另一方面则是对风险演化的认知不足，不能合理地进行系统的风险把控。这其中，主要是由于工程项目系统具备复杂性与动态性，风险因素之间相互联系与演化，彼此共同作用难以有效把控。

因此，国内外越来越多的学者在工程安全研究中关心风险的动态性与复杂性。国外有学者 Faisal 等[1]分析论证了动态风险评估是下一代风险和管理方法的基础，并提出了工程实施的动态风险管理的总体框架。Shobeir、Ezatolla 等[2]验证了系统动力学模拟可以整合来自不同渠道对项目的定量和定性投入，并对项目的社会影响提供更有效和动态的评估。国内学者也在运用故障树、贝叶斯网络等系统方法不断地进行安全管理研究。李静[3]运用故障树方法分析了旧有建筑火灾隐患，并对旧有建筑安全评价的发展方向做出预测。张立茂[4]证明贝叶斯网络能够在事前、事中以及事后阶段都发挥重要的作用，为复杂工程安全事故全过程管理提供实时辅助决策支持。

因此，本文在面对事故安全风险时，同样以系统思维来研究安全事故中的风险演化。首先，通过文献阅读与专家访谈的方式确定风险因素，并用系统动力学方法对各风险要素进行定性分析，建立因果回路图。其次，以专家打分法与熵值计算确定风险度，以此构建系统动力学仿真模型，进行定量分析。最后，模拟工程的实际情况，探究事故的风险演化过程，探讨各影响因素的敏感性。

2 风险要素体系及因果回路图

2.1 施工安全风险要素提取

首先，本文完成了施工安全风险要素的识别与提取。施工安全风险主要是指在施工过程中各种可能导致安全事故发生的不确定性。一般传统风险管理是二维的，即从风险发生概率以及风险影响程度两个维度对风险大小进行刻画。本文依照相关学者[5]研究，从风险发生的可能性、风险的影响程度和风险的不可管理程度三个维度进行描述。可能性主要是指风险事件发生的概率大小；影响程度主要是指风险发生时对施工安全所造成的影响大小。不可管理性衡量的是在整个施工过程中，无论是在风险发生前或是正在发生，甚至发生之后，我们能够采用相应技术手段或管理方法来降低风险概率及其风险影响程度的能力大小。

在确定施工风险研究的维度之后，本文将继续探究影响施工安全的风险指标体系。有学者[6]利用近 4 年施工安全事故统计数据确立了施工风险评估指标模型，并借由大数据分析验证了该指标模型的有效性。以此模型为基础，本文确立了人员风险、材料与机械风险、技术风险、管理风险与环境风险 5 个一级指标以及部分二级指标。本文也通过对相关专家进行访谈，对原有指标体系进行了调整，分别调整了人员风险以及材料与机械风险中的二级指标体系。在考虑管理风险二级指标时，相关学者[7]强调风险应急管理的重要性，因此在二级指标中也加入了对于现场突发应急机制的考虑。最终，构建了施工安全风险指标体系，如表 1 所示。

施工安全二级风险体系　　　　　　表 1

一级指标	二级指标	代号
人员风险	生理状态不良	u1
	心理状态不良	u2
	人员素质不高	u3
材料与机械风险	机械设备维护和保养不善	u4
	施工材料质量不佳	u5
	材料适用度不高	u6

续表

一级指标	二级指标	代号
技术风险	施工组织不完善	u7
	施工设计不优良	u8
	新工艺和工法应用较多	u9
管理风险	安全培训制度不完善	u10
	材料机械管理制度不完善	u11
	突发应急机制不完善	u12
环境风险	气候条件不良	u13
	地质条件不良	u14
	施工环境不良	u15

2.2 因果回路分析

接着，利用系统动力学方法从系统角度出发，分析系统内部各要素的关联性，并刻画其结构模型，建立因果回路图（图1）。本文将施工安全风险系统依据一级指标构成分为人员风险、材料机械风险、技术风险、管理风险、

环境风险五个子系统，每个子系统内部由各个二级指标对一级指标风险产生影响，各个子系统之间也存在着复杂的联系。在此，风险因素间所有影响均为促进影响，主要体现在使得风险发生概率增加，风险影响变大，不可管理性增强。再对回路进行分析，本次研究提出了五条跨子系统的风险作用路径，这些路径都存在于环境风险以及管理风险对人员风险、材料机械风险与技术风险的作用过程中，也是符合系统外部风险影响系统内部风险，项目管理层风险影响到实施层的风险关联逻辑。具体来看，环境风险中的施工环境的不良条件会对人员的生理状态与机械设备的维护保养产生影响，地质条件将使得施工设计面临极大挑战，可能会遇到较多的设计变更。而安全培训机制与材料机械管理制度则分别影响到人员素质高低与施工材料质量。

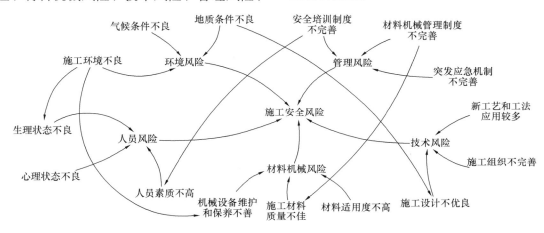

图 1　施工安全风险因果回路图

3 系统动力学模型及分析

3.1 数据收集方法

要对风险系统进行分析，需要依据相关数据或研究结果，探求各要素间的函数关系，对其进行定量研究。本文使用专家打分法与熵值来确定各风险要素的权重，以及评估跨子系统

风险因素间的交互作用。首先，利用专家打分法对每一个风险要素从发生概率、风险影响以及不可管理性三个方面进行打分，分值设定在1～10分。并且在此，本研究认为风险间的影响也可直接作为受影响子系统的评选指标之一。因此对风险因素间的影响也进行打分，分值同样设定在1～10分。专家打分表如表2所示。

专家打分表 表2

施工环境不良	专家	专家	……	归一化	施工环境不良对人员风险的影响	专家	专家	……	归一化
发生概率 P					发生概率 P				
风险影响 E					风险影响 E				
不可管理性 M					不可管理性 M				

3.2　模型构建与参数设定

本研究在此是基于三维结构来刻画风险要素，暂不考虑三者间的相关性，基于几何平均方法，可定义单风险要素的风险度 R 为：

$$R = \sqrt[3]{P \cdot E \cdot M}$$

式中，P 为风险发生概率；E 为风险影响；M 为风险不可管理性。三个维度对风险度均为促进影响，即：值越大，风险度越高。

同时，在此处为了表明各指标对子系统风险的影响程度，将计算子系统的熵值[8]。熵在信息论中表示系统的不确定性，熵值越高，包含的信息越复杂。而以风险指标计算的子系统熵值能够在一定程度上反应该系统风险的无序性，表明风险积累的程度。根据熵的定义式，人员风险、材料与机械风险、技术风险、管理风险以及环境风险五个子系统风险熵值计算如下：

$$L = -k \sum_{j=1}^{n} \ln(R_j) \cdot R_j, k = 1/\ln N$$

式中，k 是系数；N 为影响该子系统指标的个数；R_j 表示各风险指标的风险度，也表示指标风险因素影响子系统熵值变化的概率。

相比传统统计方法很难实现复杂系统计算、仿真的特性，系统动力学能够对研究对象进行定性定量的分析，并通过计算机软件将其转化为可视化模型，最终得到容易分析理解的仿真结果。本次研究在得到子系统的熵值之后，通过专业软件 Vensim Ple 绘制存量流量模型，构建系统流图（图2），进行模拟仿真。该模型能够有效地模拟施工现场的风险积累过程，明确各风险要素间的影响程度。在构建该模型时，关键函数的设置是依托于熵的定义式，相应参数则需要根据项目实际情况确定。

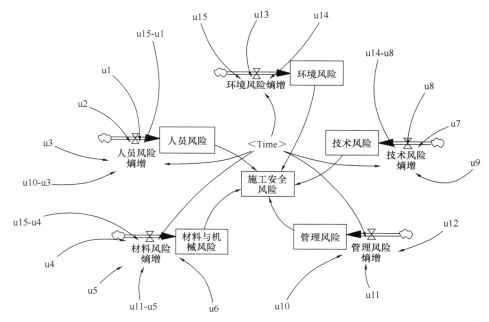

图2　施工安全风险流图

4 模拟分析

在第 3 部分构建的基础仿真模型上，可通过问卷调查、专家打分或者历史经验获取实际项目数据以及相关信息，并将相应数据代入模型中，能够分析具体工程项目现场的施工安全风险演化情况。

4.1 案例选取及分析

本文选取武汉市汉某商住楼工程为研究案例。该项目包括两栋单体楼及车库楼。总建筑面积为 3 万 m²，主体楼栋结构形式为框架剪力墙结构，地下一层，地上 22 层，一梯八户塔式住宅楼，建筑总高度为 70m（室外地坪至主体屋面面层）。并且也对该项目进行了访谈与实地调研，方便将仿真结果与实际情况进行对比。

在选定项目之后，邀请了五位专家，包括三位项目高管，两位了解项目概况的学者对其进行打分，各指标打分情况如表 3。

项目具体风险度 表 3

	发生概率 P	风险影响 E	不可管理程度 M	风险度 R
u1	0.42	0.84	0.44	0.54
u2	0.28	0.5	0.62	0.44
u3	0.58	0.6	0.56	0.58
u4	0.58	0.6	0.56	0.58
u5	0.36	0.7	0.3	0.42
u6	0.28	0.36	0.3	0.31
u7	0.28	0.56	0.58	0.45
u8	0.22	0.42	0.28	0.30
u9	0.16	0.14	0.22	0.17
u10	0.24	0.68	0.3	0.37
u11	0.22	0.72	0.3	0.36
u12	0.5	0.58	0.24	0.41
u13	0.24	0.34	0.48	0.34
u14	0.18	0.46	0.2	0.25
u15	0.3	0.46	0.42	0.39

续表

	发生概率 P	风险影响 E	不可管理程度 M	风险度 R
u15-u1	0.26	0.4	0.28	0.31
u15-u4	0.18	0.24	0.12	0.17
u14-u8	0.2	0.38	0.4	0.31
u11-u5	0.28	0.32	0.2	0.26
u10-u3	0.4	0.56	0.24	0.38

在对各指标进行评分之后，我们给出模型关键函数关系式以及相关参数设定。项目周期在 24 个月左右，因此设置时长为 24，步距为 1。本文中关键函数表达式主要依据熵定义式进行设置，具体如表 4 所示。

模型关键函数表达式 表 4

模型变量	函数表达式
环境风险熵增	$-[u13 \cdot LN(u13) + u14 \cdot LN(u14) + u15 \cdot LN(u15)]/LN(3) \cdot Time$
人员风险熵增	$-[u1 \cdot LN(u1) + "u10-u3" \cdot LN("u10-u3") + "u15-u1" \cdot LN("u15-u1") + u2 \cdot LN(u2) + u3 \cdot LN(u3)]/LN(5) \cdot Time$
材机风险熵增	$-["u11-u5" \cdot LN("u11-u5") + "u15-u4" \cdot LN("u15-u4") + u4 \cdot LN(u4) + u5 \cdot LN(u5) + u6 \cdot LN(u6)]/LN(5) \cdot Time$
管理风险熵增	$-[u10 \cdot LN(u10) + u11 \cdot LN(u11) + u12 \cdot LN(u12)]/LN(3) \cdot Time$
技术风险熵增	$-["u14-u8" \cdot LN("u14-u8") + u7 \cdot LN(u7) + u8 \cdot LN(u8) + u9 \cdot LN(u9)]/LN(4) \cdot Time$
施工安全风险	人员风险＋技术风险＋材料与机械风险＋环境风险＋管理风险

4.2 模型分析

将相应数据代入模型，本次研究对该工程项目进行模拟仿真，我们得到了风险积累演化的过程（图 3）。整个风险系统的熵值都会随着时间增长而不断增长，在熵值达到一定程度之后，安全事故就可能发生。在此，我们可以通过模型分析，可以发现系统中导致风险积累最快的风险要素，对其进行改进与控制，做到最高效的风险防控。

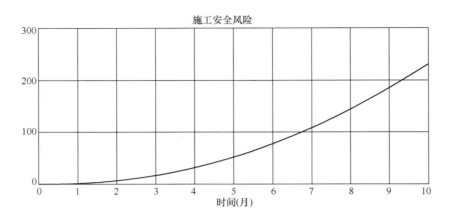

图 3　风险系统模型仿真结果

首先，分析各子系统风险的积累速度，通过仿真得到各子系统风险积累曲线（图 4）。我们发现，在本项目中，人员风险以及材料机械风险是影响最突出的两个子系统，管理风险、技术风险与环境风险次之。接着，可以进行各子系统内风险要素的影响程度的判断，即敏感性分析。以人员风险为例，利用控制变量法变动人员生理状况、心理状况以及人员素质熵值的 20％，得到敏感性模拟（图 5）。在此项目中，人员的素质是对人员风险影响程度最大的风险要素，其次是生理状态，最后是心理状态。这也与项目实际状况相符，项目施工人员中存在许多工作年限不长甚至初次上岗的工人，在面对项目时，往往经验不足，并且也存在安全意识薄弱导致发生失误操作的情况。因此，我

们可以着重在施工过程中关注人员素质，通过岗前培训、人事变动等手段来提升人员素质。

接着，通过仿真结果也可以发现对于整个项目影响最大的风险要素。该项目中影响最大的风险要素为环境风险子系统下的施工环境不良。虽然在专家打分之中，其风险度并不是最高，但是由于风险系统的交互作用，施工环境不良也会对人员的生理状态以及材料机械的保养产生影响，综合考虑其风险影响，最终使得施工环境不良成为本项目中的最大风险因子。而经过实际调研，我们也发现该项目面临的最大风险确实为施工环境的风险。一方面在于周围环境人流较为密集，风险发生概率较高；另一方面在于施工现场的场地局限影响到材料堆放与机械运转，致使材料与机械风险增大。

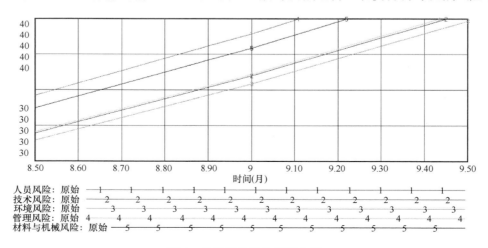

图 4　各子系统风险积累曲线

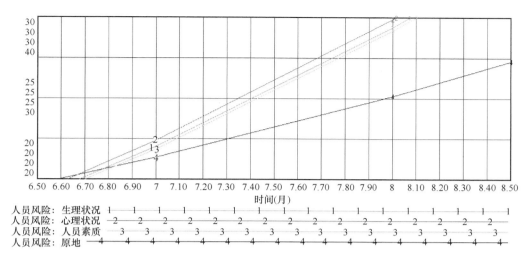

图 5　人员风险敏感度分析

5　结语

　　本文在考虑风险动态性与关联性的基础上，构建了施工安全风险演化的系统动力学模型，并依据武汉市某工程项目实际数据，进行了仿真模拟与结果分析，找出了该项目施工风险系统中的关键要素。本文研究不足之处在于对风险交互作用发生的路径刻画地不够深入，模型中系统风险的关联性体现较弱。可在接下来的研究中，着重研究风险要素间的关联作用。

参考文献

[1] Faisal Khan, Seyed Javad Hashemi, Nicola Paltrinieri, Paul Amyotte, Valerio Cozzani, Genserik Reniers. Dynamic Risk Management: a Contemporary Approach to Process Safety Management [J]. Current Opinion in Chemical Engineering, 2016, 14.

[2] Shobeir Karami, Ezatollah Karami, Laurie Buys, Robin Drogemuller. System Dynamic Simulation: A New Method in Social Impact Assessment (SIA)[J]. Environmental Impact Assessment Review, 2017, 62.

[3] 李静, 陈龙珠, 龙小梅. 旧有建筑安全隐患及故障树分析方法[J]. 工业建筑, 2005(S1): 46-49.

[4] 张立茂, 陈虹宇, 吴贤国. 基于贝叶斯网络的复杂工程安全管理决策支持方法研究[J]. 中国安全科学学报, 2011, 21(6): 141-146.

[5] 方炜, 赵洁, 王莉丽. 基于双层次三维度评价模型的项目治理风险研究[J]. 管理现代化, 2017, 37(5): 105-108.

[6] 郭文娟. 大数据背景下的房屋建筑施工风险评估模型[J]. 科技通报, 2019, 35(4): 198-201.

[7] 梅江钟, 马玉洁, 郭建斌. 地铁施工风险应急管理研究[J]. 中国安全生产科学技术, 2017, 13(9): 20-27.

[8] 陈蓉芳, 姜安民, 董彦辰, 等. 基于熵权可拓模型的深大基坑施工风险评估[J]. 数学的实践与认识, 2019, 49(2): 311-320.

案例教学与翻转课堂相结合的《风险管理》课程改革[①]

申琪玉　王如钰　张海燕　闫　辉

（华南理工大学土木与交通学院，广州　510000）

【摘　要】风险管理课程具有知识面广、实践性强的特点，传统的填充式教学方法已经很难满足专业需求。本文以华南某高校的《风险管理》课程改革为例，在调研传统教学方法弊端的基础上，运用以实践为目的的案例教学法和以学生为导向的翻转课堂教学法对课程体系改革，并运用调查问卷的方法对课程改革效果进行评价，结果证明改革后的教学模式的确能够提高学生的主动性以及实践能力，并进一步提出了持续改进《风险管理》课程教学模式的方向。

【关键词】翻转课堂；案例教学；风险管理；课程改革

Curriculum Reform of "Risk Management" Based on Case Method and Flipped Classroom

Qiyu Shen　Ruyu Wang　Haiyan Zhang　Hui Yan

(School of Civil Engineering and Transportation, South China University of Technology, Guangdong　510000)

【Abstract】The risk management course has the characteristics of wide knowledge and strong practicality. The traditional filled teaching method is difficult to meet professional needs. This paper takes the reform of the "risk management" course of a university in South China as an example. Based on the investigation of disadvantage of the traditional teaching methods, this research combines case method with flipped classroom to reform the curriculum, and uses the questionnaire method to evaluate the effect of curriculum reform. The results prove that the reformed teaching model can improve

① 基金项目：2018 年华南理工大学研究生教育改革研究立项项目（专业学位案例教学课程建设项目，项目编号：zyak2018010）；华南理工大学专业学位研究生教育综合改革项目：土交学院工程管理专业硕士（MEM）人才培养探讨和实路。

students'initiative and practical ability. At the same time，there are some suggestions to improve the effect of curriculum reform continuously.

【Keywords】　Flipped Classroom；Case Method；Risk Management；Curriculum Reform

1　引言

《风险管理》课程是工程管理专业的核心专业课程，是加强学生风险概念和风险管理理念等相关知识的课程，对培养工程管理专业学生的风险意识、提高学生的风险分析及应对能力具有较大的作用[1]。该课程知识面广、内容深度和强度大、实践性强、综合性强，内容涉及多个学科的交叉和融合，教与学的难度都很大。如果采用传统的教学方式进行单纯的理论教学，学生难以深入理解，主动学习能力以及独立思考能力受到极大的限制。同时对于工程类课程而言，更应该侧重于实践应用需求，力求教导出来的学生能够在实际的工程项目中熟练应用所学知识，这对于课程体系的设计要求较高。而传统的教学方法采用照本宣科的理论教学模式，学生被动学习，难以将理论与实践相结合，显然已经不能满足《风险管理》的课程教学需求，也不符合现代社会对于高素质的创造性人才培养的要求[2]，因此，对于该课程的教学改革迫在眉睫。

本文通过对华南某高校工程管理专业《风险管理》课程进行研究，首先运用问卷调查以及访谈的方式对该课程传统教学模式进行剖析，结合工程管理行业对于毕业生风险管理能力的要求，运用以实践为目的的案例教学法和以学生为导向的翻转课堂教学法，对《风险管理》课程进行革新，并实施到实际的教学过程中。最后运用问卷调查以及访谈的方式，对新的教学体系进行评价分析，并在此基础上提出新的改进措施。

2　文献综述

案例教学法于 1870 年由美国哈佛大学法学院兰德尔教授率先引入到法学教育中，后又被引入哈佛大学商学院的商业教育。20 世纪中叶，管理案例教学已在欧美大学商科教育中普及开来。20 世纪 80 年代初，管理案例教学法被引入国内高校管理类课程教学课堂。陶冶[3]（2018）提出《公司战略与风险管理》的课程教学不应该局限于为 CPA 考试做准备，而应该尽量让学生学会怎样解决实际工作中可能出现的战略管理和风险管理问题，因此必须大量使用案例教学。孙伟、杨文[4]（2017）提出管理案例教学强调学生是教学主体，学生参与管理案例教学投入程度对管理案例教学效果都起着决定性作用。由此可见，在管理类课程的教学中，案例教学是不可或缺的一种教学手段。然而现有的案例教学文献集中在工商管理专业以及互联网等专业，关于工程管理专业风险管理案例教学的内容鲜有记录。

翻转课堂是一种以合作探究为主要学习方法的教学模式，从根本上改变了学生学习方式和习惯，给学生的学习生活带来实质性的改变，是广大学者进行课程改革的新趋势[5]。何竹雨[6]（2019）通过课前准备、课中实施、课后评价三个环节环环相扣将翻转课堂方法应用到了大学体育课程当中，最终结果表明有 90％的学生接受翻转课堂这种学习模式，教学效果大大提高。何章权[7]（2019）设计的教学环节依托于课前预习观看教师所提供的视频基础之上，使更多学生参与到课前预习和课上讨论的教学过程，体现了以学生为本的教学思想。翻转课堂被广泛应用到各个专业的课程改革中，但是工程管理专业风险管理课程的改革还比较少见。

《风险管理》课程改革的文献大多集中在金融专业。刘煜[8]（2018）在《金融风险管理》的教学改革中提出应逐渐摒弃课堂授课这一单一的教学模式，增加学生自主学习式的参与式教学，引入网络教学和实验教学模式，以期用多变的教学模式增强学生的学习兴趣。王浩宇[9]（2018）提出现有的风险管理课程内容设计相对薄弱，传统的授课形式无法满足培养学生综合职业能力的基本要求，在改革中将教学过程与业务流程相对接，采用基于工作过程的项目化教学模式。由此可见，《风险管理》课程由于知识面广、实践性强的特色，不论在哪个专业领域中，传统的教学模式都不能满足课程需求，因此采用新兴的教学方法对该课程进行改革是风险管理教学领域的研究热点。

3 案例教学与翻转课堂相结合的《风险管理》课程体系设计

3.1 《风险管理》课程教学特点及问题分析

《风险管理》课程的教学目的是让学生在掌握风险、风险管理的基本概念的基础上，熟悉风险管理的方法、保险、风险管理决策，掌握风险管理的过程及现代风险管理技术，最终具有分析建设工程风险及进行风险决策的能力。由此可见，《风险管理》课程的教学重点除了理论知识的掌握之外，更重要的是培养运用基础知识及理论方法解决实际问题的能力。同时，由于该课程涉及知识面广，综合性和实践性强，对于教学方法要求比一般课程更高。然而通过对华南某高校工程管理专业往届毕业生进行线上或线下访谈，分析发现传统教学模式下《风险管理》课程教学不能满足课程特点要求，主要有以下两个方面问题：

（1）实践能力弱。在传统的教学模式下，学生在课堂上学到较多的是理论知识，虽然通过老师的讲述和考试的压力，学生们掌握了风险管理的基本理论，但在进行实际工程项目的风险管控时，理论转化为实践依然是一大难题。

（2）课堂参与度低。传统的以教为主的教学模式下，学生被动接收信息，通过教师的声音、多媒体课件等的刺激，选择性地接受某些知识，接收效果大打折扣。尤其《风险管理》课程理论内容较多，而且比较复杂，单纯采用以教为主的教学模式，很难达到预期教学效果。学生普遍认为以老师教学为主的教学模式无聊，难以投入学习，课堂学习效率较低。

3.2 以实践为目的和以学生为导向的教改理念

《风险管理》课程的学习目的是学生能够在实际的工程项目当中进行风险管控，而且随着社会分工的细化，知识爆炸式的增长，用人单位对毕业生提出了更高的、更专业化的要求，更加注重毕业生的实践应用能力[10]。因此整个课程体系的设计应以实践为最终目的，所使用的教学方法也应服务于这个目的。

同时，在课堂教学中，师生是否能够建立一种平等、和谐以及有效的沟通交流关系，直接影响到学生展现自我、发挥积极性的程度。同时，华南某高校《风险管理》课程的教学对象主要为工程管理硕士，其中大多数为非全日制研究生，本身有一定的工作经验与工程项目经历，在课堂上活跃程度较高。以学生为导向的教学模式更能够引发学生对自身工程经历的联想与思考，教学效果也会大大提高[11]。

3.3　以案例教学与翻转课堂为主的多方法结合的教学模式设计

根据《风险管理》课程教学特点以及传统模式下的教学问题分析发现，本次课程教学改革应侧重于丰富理论知识教学方法，增加学生的课堂参与度，从而最大限度地提高学生对于理论知识的吸收；以及增加实践机会，培养运用理论知识的能力。因此，在教学过程中尝试课堂研讨、案例教学、翻转课堂、课程论文、全过程考核等多角度的教学创新，由原来以教师讲授为主改变为以学生为中心，努力提高学生的学习积极性、创造性，让学生参与到整个教学过程中，将以实践为目的和以学生为导向的教学理念贯穿在教学设计的全过程。改进的教学模式设计框架图如图1所示。

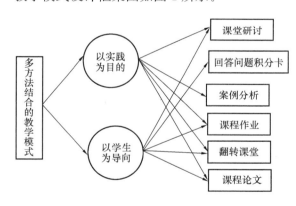

图1　教学模式设计框架图

（1）丰富多样的课堂研讨

在理论教学的同时，针对重要的概念或重点、难点问题，随时展开课堂讨论，引导学生多人、多次接力完成一个问题的相对完整答案或解决方案。对踊跃发言的学生发放积分卡作为奖励，期末使用积分卡可增加平时成绩。

（2）经典案例的深度剖析

运用教学案例，可以把复杂、深奥的问题讲授得形象、生动，学生容易理解和掌握。针对每一节课的教学重点提前选取典型案例，并

配上相对应的引导思考题目。在课堂上用案例来引入课程内容的学习，深度挖掘案例，分析案例项目成功经验或失败教训，提出解决问题的方法和措施。讨论结束后组织学生针对案例内容发表个人见解。对案例充分学习后再引入风险管理基础理论学习，有了案例作为基础，理论会更加简明易懂。

（3）全员参加的翻转课堂

翻转课堂的设计：全部学生参与，4～5人组队，自创队名、自定主题；案例可涉及建设项目各个方面的风险管理，内容为项目概况、风险识别、评价、应对和控制，突出重点、难点；学生小组在给定的时间内汇报研究成果，接受师生提问、质疑；教师纠正问题、延伸讲解、点评；评委（每队出一位评委）打分，评出名次。

（4）极具个性的课程论文

课程论文是课程的考核成果之一，要求学生结合实际工程及调研情况独立完成，为学生自己独创的科研成果，最能体现学生对于课程知识的掌握程度。

（5）全过程全方位考核

课程考核体现全过程、全方位，注重平时考核。学生考勤、回答问题积分卡、作业、课堂讨论和翻转课堂表现计入平时成绩；课程论文成绩作为期末考核成绩等。

以案例教学与翻转课堂为主的多方法结合的教学模式对学生的能力锻炼如表1所示。

教学方法与能力锻炼　　　　表1

序号	教学方法	实施阶段	能力锻炼
1	课堂研讨	平时	发现问题与分析问题能力、沟通和表达能力
2	案例分析	平时	风险管理体系构建、发现问题与分析问题、主动学习能力
3	回答问题积分卡	平时	风险管理知识理解能力、独立思考能力、沟通和表达能力

续表

序号	教学方法	实施阶段	能力锻炼
4	课程作业	平时	独立思考能力、主动学习能力、综合分析能力
5	翻转课堂	期末	风险管理知识运用、主动学习、沟通和表达、团队协作能力
6	课程论文	期末	风险管理知识综合应用能力、学术科研能力、论文写作能力

4 课程教学改革效果分析

本次课程体系改革实施于 2018～2019 学年度《风险管理》课程，该课程授课对象为土木工程专业以及工程管理专业的学生，共计113 名。课程结束后向学生发放课程改革效果调查问卷，共收回有效问卷 106 份。

4.1 案例教学法实施效果

本次调查问卷针对案例教学法效果共设计了三个问题，对案例教学法的主动学习效果、实践效果等方面进行了调查。其中主动学习效果的调查结果如图 2 所示，采用案例教学方法之后，98％的同学都会在课前对案例内容进行学习，其中 40％的同学虽然没有在课前集中学习案例，也会提前熟悉案例内容。这说明案例教学法大大提高了同学们课前预习的积极性，同时课前预习也有利于课堂教学的效果，有利于学生更好地把握课程内容。

对案例教学法的实践教学效果进行分析，如图 3 所示，95％的同学在老师讲解案例时，能够联想到自己工作中参与过的实际工程项目，并且能够对应到与案例中类似的风险问题。这对于学生理解课程教学内容，以及风险管理理论在实际项目中的应用有很大的帮助。同时，这些同学也乐于在课堂上分享经验，由老师提供的案例引出更多实际的案例，为教学带来事半功倍的效果。既提高了学生参与课堂

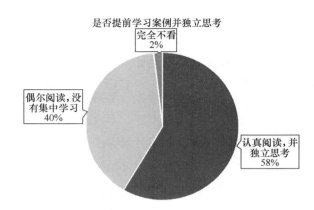

图 2 案例教学法的主动学习效果

的积极性，也丰富了课堂教学。由此可见，案例教学法在实践学习方面有很大的帮助。

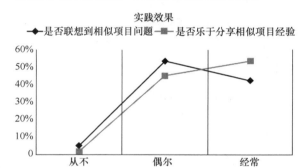

图 3 案例教学法的实践教学效果

4.2 翻转课堂实施效果

针对翻转课堂教学方法的实施效果，从积极性和有效性两个方面进行了调查，结果如图 4 所示。68％的同学积极参与老师布置的翻转课堂任务，32％的同学则表现出一般的积极性，这说明所有的同学都乐于参与老师布置的翻转课堂任务，确实提高了大家参与课堂学习的积极性。另外关于其他同学的主题展示是否对自己的学习有帮助的问题中，所有同学都认为有一定的帮助，其中认为有较大帮助的同学占比高达 83％，由此可以看出同学们对于翻转课堂的效果都比较满意。经访谈得知，通过翻转课堂任务，同学们在课前主动和同组成员学习讨论，积极准备课堂展示内容，在课堂上展示自己主题内容的同时也能对他人的展示提

出较好的建议。

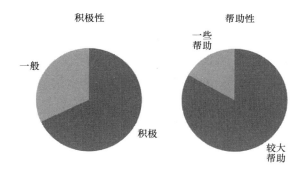

图 4 翻转课堂教学法的积极性与帮助性

4.3 教改实施整体效果分析

针对课程改革实施的整体效果从积极性、沟通交流能力、发现问题能力、构建知识体系的能力、分析问题的能力、实践能力这六个方面的能力提升进行评估，如图 5 所示，大部分同学都认为课程改革之后，自己的能力得到了提升。这说明改革后的教学模式能够促进学生各个方面能力的提升，达到了预期效果。

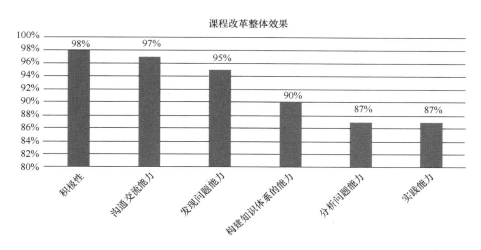

图 5 课程改革整体效果

4.4 后续改进建议

问卷的最后，收集大家对于课程改革的主观建议，通过关键词分析来进行研究，如图 6 所示。提到最多的是"案例"，说明学生对于案例教学法持有很高的关注度，很多同学提出希望能继续丰富风险管理案例内容，可以考虑让学生提供工作经历中的相关项目作为案例，用实际的工程项目进行风险管理推演实战，更具有实践意义。另外的关键词集中在"互动时间"，很多同学希望除了个人参与的课堂互动外，多增加一些小组讨论的环节，以小组的形式更能够激发思考，让每个人都最大限度地参与到学习当中。

5 结论

为了提高《风险管理》课程教学效果，适应工程管理行业要求，以华南地区某高校《风险管理》课程为例，运用多种方法对教学模式进行改革。首先通过访谈的形式总结出传统教学方式的弊端：①实践能力弱；②课堂参与度低，学习缺乏主动性。在此基础上，引入以实践为目的和以学生为导向的教学理念，运用案例教学法以及翻转课堂教学法等多种方法相结合的方式对传统教学模式进行改革。

课程改革实施之后，以问卷调查以及访谈的形式对教学改革的效果进行分析，结果发现改革后的教学模式能够显著提高学生的实践能力，案例教学更能够引导学生将理论知识代入工程实践当中，同时翻转课堂、课堂研讨等教学模式下学生们的课前主动学习能力以及课堂参与度都得到了很大的改善。另外，新的教学模式对于学生提升自身的发现问题及分析问题能力、知识运用能力等也产生了很大的帮助，最大限度地改善了传统教学模式的弊端。然后通过学生的反馈，得出进一步改进意见：①从学生实际工程经历中收集案例，进行风险管理实战教学；②增加课堂小组讨论环节，确保每个人都能参与课堂互动。

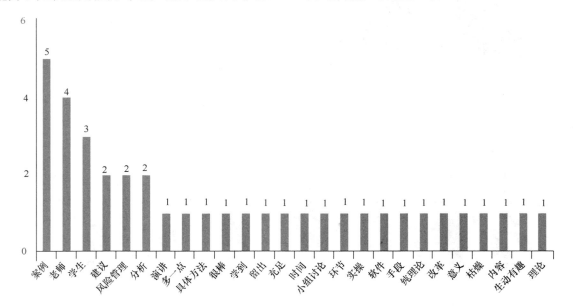

图 6　学生对课程改革的建议的关键词频率

参考文献

[1] 赵鹏飞，贺阿红.《工程项目风险管理》课程对工程管理专业学生的重要性研究[J]. 教育现代化，2018，5(49)：325-328.

[2] 龙奋杰，邵芳. 新工科人才的新能力及其培养实践[J]. 高等工程教育研究，2018(5)：35-40.

[3] 陶冶. 风险识别的案例教学[J]. 现代农村科技，2018(2)：79.

[4] 孙伟，杨文. 工商管理学硕士研究生参与管理案例教学的影响因素研究[J]. 武汉冶金管理干部学院学报，2017，27(3)：33-39.

[5] 蒋月婷. 翻转课堂在风险管理课程上的应用——基于难度大、公式复杂的课程的翻转研究[J]. 课程教育研究，2018(49)：222.

[6] 何竹雨. 浅谈如何"翻转"大学体育课堂[J]. 农家参谋，2019(5)：190-191.

[7] 何章权. 翻转课堂方法在混凝土结构基本原理教学中的应用探讨[J]. 现代农业科技，2019(3)：258-259.

[8] 刘煜.《金融风险管理》课程教学改革与实践探讨[J]. 课程教育研究，2018(26)：235-236.

[9] 王浩宇.《风险管理》课程教学改革探索与实践——以提升综合职业能力为导向[J]. 现代商贸工业，2018，39(20)：121-122.

[10] 白泉，边晶梅，于贺，等. 虚实结合的土木工程专业实践教学体系构建研究[J]. 高等工程教育研究，2018(4)：67-71.

[11] 邢以群，鲁柏祥，施杰，等. 以学生为主体的体验式教学模式探索——从知识到智慧[J]. 高等工程教育研究，2016(5)：122-128.

建设工程项目联盟交付模式简介

潘奕光　邓晓梅　许君彦

（清华大学土木水利学院建设管理系，北京　10084）

【摘　要】联盟交付模式是国际上近 20 年来新兴的项目交付和行业合作形式，在大型复杂基础公共工程中取得了较好的实践效果。然而，目前国内文献中尚未对建筑业联盟交付模式进行过系统的介绍，行业中也缺乏这一模式的实践。本文首先回顾了联盟交付模式的发展历程和产生原因，对联盟交付模式的定义、原则、适用性、成功驱动因素等方面进行梳理。最后基于联盟交付模式在综合性价比方面的优势以及其实践应用中的局限性，进行了总结和展望。

【关键词】项目联盟；交付模式

Introduction to the Project Alliancing Delivery Mode Inconstruction

Yiguang Pan　Xiaomei Deng　Junyan Xu

（Department of Construction Management，School of Civil Engineering
Tsinghua University，Beijing　10084）

【Abstract】The alliance delivery mode is an emerging form of project delivery and industry cooperation in the past few decades. It has contributed to the good performance of some large-scale complex public projects. However，in China，it has not been either systematically introduced in literature or commonly applied in project delivery. This paper firstly reviews the development of project alliancing and its advantages over traditional project delivery modes in construction industry；Then the definition，principles，applicability and success driving factors of the project alliance delivery mode are summarized based on literature and practice；Finally，the prospects of further research and application are proposed.

【Keywords】Project Alliancing；Delivery Model

1 背景介绍

1.1 联盟交付模式发展历程

联盟交付模式并不是新事物，在半导体、计算机、软件和商用飞机等技术密集型行业中早已有应用。[1]学界一般将 1992 年英国石油公司的北海油田项目视为建筑业项目联盟交付模式发展的起点。[2]由于这一成功项目的示范效应，该模式在 1994 年被引入至澳大利亚油气项目中。[3,4]联盟交付模式在克服传统对抗性交付模式的负面效应方面具有优异的表现，因此被推广至澳大利亚数百个公共工程项目中。目前，除英国、澳大利亚以外，目前联盟交付模式已在美国、新西兰、芬兰、新加坡、中国香港等多个国家和地区得到广泛应用。

1.2 传统交付模式的对抗性

传统交付模式的诸多负面效应主要源于项目参与者之间普遍较低的信任度和合作程度，此时业主更倾向于将全部风险一次性转嫁至承包商，总承包商又会将风险转移至各专业分包商，最终可能导致最底层的劳务等专业分包商的风险责任与预期利润严重失衡，业主与承包商之间对抗关系也由此产生。缺乏信任和沟通的对抗关系（表 1），催生出一系列可能导致各类困境的刚性条款，比如承包商常常先低价中标，后续通过频繁索赔来弥补利润缺口等，在传统交付模式下，如果出现不利于项目交付的异常情况，项目各方通常会首先关注各自利润，而不是项目绩效和合作优化，对抗中处于弱势的承包商也更可能采取利己的措施。

传统交付模式的典型对抗性特征[5]　　表 1

序号	特　征
1	没有共同目标；各方利益本质上可能是相互冲突的

续表

序号	特　征
2	成功是以牺牲他人为代价的；零和博弈思维
3	注重短期绩效
4	组织之间没有共同的项目措施
5	很少或没有持续改进
6	组织之间单点联系
7	信任度低，没有共同风险
8	刚性环境；竞争关系

1.3 联盟模式产生的原因

在目前具有对抗性的传统交付模式下，单纯的施工技术进步已经无法满足控制交易成本的需求，由此产生的成本压力影响了行业的可持续发展和生存。因此，1992 年英国石油公司的北海油田项目和 1994 年澳大利亚的第一个联合万都油田项目相继采用了联盟交付模式来避免或削减这些根深蒂固的问题对成本控制的不良影响。[6]

此外，控制工期也是促成项目联盟发展的重要原因之一。典型的例子是澳大利亚悉尼蓄水隧道项目[7]、澳大利亚国家博物馆项目[8]。不仅如此，在保持进度和成本的同时灵活地调整项目目标、追求高质量和创新[9]，以及通过联盟伙伴的早期参与尽快开工[10]等需求也促进了联盟交付模式的发展。

2 联盟交付模式的定义及其原则

2.1 联盟交付模式的理论现状

包括联盟交付模式在内，国外文献提到了 6 种比较典型的基于合作关系的交付模式（图 1），但即使在同一交付模式下，工程项目之间的差异性导致对该模式进行统一定义比较困难，所以，尚未有文献对以上诸多模式的具体操作程序及其之间的差异做一系统阐述。

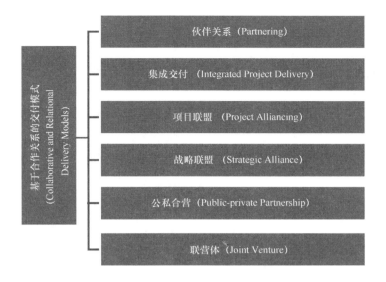

图1　基于合作的关系型交付模式分类

对于联盟模式，国内文献[11~14]对其定义则较为模糊，并未将其与伙伴关系（Partnering）、集成交付（Integrated Project Delivery）、公私合营（Public-private Partnership）、联营体（Joint Venture）、战略联盟（Strategic Alliance）等其他基于合作关系的其他模式加以区分。

接下来，本文重点针对应用范围较广的、实践项目较多的联盟交付模式进行分析，参考资料主要是澳大利亚已有的上百个成功项目联盟实践案例，以及澳大利亚政府颁布的合同指南及实践总结形成的相关公开发表文献。

2.2　联盟交付模式的定义

许多文献对联盟进行了定义，本文主要参考最具权威性的澳大利亚政府发布的联盟合同指南，该指南基于数百个政府公共工程联盟交付模式实践经验总结，自2010年发布第一版以来，持续进行了4次更新。

2015年更新的《联盟合同指南》对联盟合同的定义是：联盟合同是公共部门机构业主（Owner）与私营部门缔约方或其他非业主机构（Non Owner Participants）合作的一种资

产交付模式。所有参与者精诚合作、言行一致，以最有利于项目绩效为原则作出决策。作为共同体的成员，所有参与者之间是平等、共赢的合作关系，要通过持续沟通、协调，消除组织障碍，对所有的核心项目交付问题达成一致。

2.3　联盟交付模式的基本原则

虽然现有文献对联盟的定义各不相同，但在联盟的基本原则特征方面的描述（表2）并无太大差异。

联盟交付模式的主要原则[15~29]　　表2

原则	备　注
共享收益、共担风险	集体承担风险的联盟原则，以及风险和机会共享的分配方法是理解联盟文化的基础。要求所有相关方都遵守较高道德标准，在共同愿景、风险共担等相关激励制度保证下，持续改进
承诺无争议，集体决策和解决问题	联盟合同一般包括一个无争议机制，除非在特殊情况下，参与者不得提起诉讼或仲裁，无争议并不意味着无分歧。目的是改善传统合同中的对抗性或以索赔为目的消极文化，鼓励参与者通过协商消除分歧，解决问题。参与者需要结合共同目标，主动有效地参与合作，提高联合决策和解决问题的方法和水平

续表

原则	备注
建立开放式文档，公开透明和沟通	在联盟模式下，各方紧密合作，共同决定和管理联盟项目，各方承诺相互查阅和审计资料。开放式文档和公开透明的沟通，以及通过联盟委员会制定的联合预算和成本/时间承诺目标，对于巩固信任和共担风险至关重要
团队建设，会议和研讨会	联盟具有明确的治理结构。该结构一般包括以下内容：业主和非业主机构；联盟领导团队；联盟经理；联盟管理团队和联盟项目组。各类会议、研讨会等制度机制，可有效增强参与者之间的沟通和协作，实现对项目的持续优化
监控绩效和工作满意度	定期的绩效和满意度评估，能够促使联盟团队及时关注项目核心要素的绩效，及时纠偏，持续改进
"无过失、无推诿"文化和项目最优的决策程序	"无过失、无推诿"文化是联盟模式的基础。要求参与者全力避免过失，即使产生了过失责任，也不应纠缠于推诿扯皮，而是接受连带责任及其后果，并在最利于项目的前提下，迅速达成一致，作出补救措施，解决问题。项目各方的利益回报均建立在项目最优的基础上，各方的目标与项目最优目标是激励相容的，各方之间是合作共赢的关系

3 联盟模式的适用性

尽管国际上建筑业有许多成功应用联盟交付模式的项目，但联盟交付模式并非万能，仍然有其适用范围，在考虑是否采用联盟交付模式时，有必要对联盟的适用性进行评估。

3.1 需求分析

业主必须对项目以及联盟交付模式的优势有非常清晰的认识，有充分理由和动机来选择联盟交付模式。内在动机主要包括：项目采取了新技术、新材料、新工艺，实验性、创新性

较强；传统"成本-工期-质量"铁三角无法满足项目的高价值追求，比如融入社会责任、支持可持续性发展；需要改善传统交易型交付模式负面效应，建立各参与方之间的合作共赢关系，实现共同解决大型复杂项目的各类问题。外在需求主要包括：项目建设需要特殊工艺、材料等独特资源，或者对环境有特殊要求；抢险救灾或其他紧急事件所引发的工程项目；风险控制的需求，比如某些项目业主接受风险可能比单纯转移风险更有意义。

3.2 能力分析

确定具备联盟交付模式的需求后，就要对各方是否具备相应能力进行评估。首先，必须具备相关专业技术人员以及深度合作能力，并针对项目开发联盟治理框架，参与方具备较高合作意识和团队精神，能够充分参与联盟决策和管理团队，各参与方之间能够高度信任。

3.3 适用性决策框架

基于上述适用性分析，联盟交付模式适用性决策应遵循一定的框架（图2）。

4 联盟交付模式成功的主要动力

为了实现联盟交付模式在建设工程项目中的成功应用，充分理解联盟交付模式运营成功的关键驱动因素至关重要，其中团队建设、项目方案、协议条款、目标成本等均会对联盟运营产生影响，联盟成功的作用机理见图3。

4.1 团队建设

联盟项目集成团队包括来自业主和非业主机构的人员，根据需求将他们合理配置到各级领导和管理机构中。通常在业主决定采取联盟交付模式之后，会立即开始选择联盟

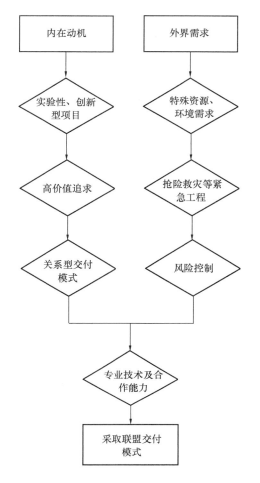

图 2　联盟交付模式适用性决策框架

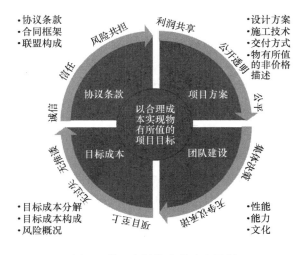

图 3　联盟交付模式的动力机制

公的形式，利于各专业人员沟通交流，联盟成员之间平等协作的关系将对项目文化及团队运营产生重要影响，且由联盟领导团队（ALT）负责并维持项目文化建设。基于共担风险和经济激励的措施能使各方迅速解决可能存在的分歧。早期项目联盟合同中并不包括正式的争端解决程序，认为特定的争端解决程序可能会加重各方的对抗，减缓工作效率，而后期发展中出现了设置类似调解人、协调人等解决冲突的角色。除了通过各方约定的冲突解决方式来确保团队高效运行外，也需要通过论坛、研讨会等沟通协调方式来保证成员之间高效、顺畅的沟通。

4.2　项目方案

项目方案主要包括设计方案、施工方案和项目交付方案等。对于采用联盟交付模式的项目，各方积极参与项目方案的制定是至关重要的，因为他们拥有各自专业领域的特定专业知识，最终交付的工程产品是各专业领域知识交叉融合应用的成果，业主可能比承包商更了解工程项目的类型及作用，承包商在具体施工及产品实现方面又有着不可替代的优势。由此可见，最佳项目方案的制定与项目团队建设的好坏直接相关。

4.3　协议条款

各类协议条款旨在将各方达成一致的目标和决策予以落实，应充分反映各类项目解决方案，确保利益共享和风险共担目标的实现，主要包括利润分配、风险共担等其他联盟运行的具体措施和办法。

4.4　目标成本

目标产出成本（TOC）是设计和建造工程项目的预期成本，是项目方案和协议条款的

成员，这使得项目各参与方能够较早地进入项目环境。团队通常采取在同一地点集中办

最终体现，主要包括项目成本的分解及风险概况。

以上四个主要因素之间应相互配合，在表2所示联盟模式的原则支持下，才能高效实现物有所值的各方共赢联盟目标，联盟成功的作用机理。

5 总结展望

本文对联盟交付模式的发展历史、定义、原则进行了简要介绍，分析了联盟交付模式产生的原因，并对其适用性进行了界定，给出了联盟交付模式适用性决策框架，最后，梳理了联盟交付模式成功运营的关键要素，进而总结出联盟交付模式运营的动力机制。

联盟交付模式目前已成为澳大利亚和新西兰公共基础设施工程项目的公认项目采购形式。与传统交易型合同方法相比，项目联盟等基于合作关系的交付模式，能够实现更高价值追求和最佳性价比，但是目前其应用范围仍然仅限于少数几个国家，并未真正实现全球范围内的普及。然而，由于对更高效率和集成方法的需求不断增加，以联盟、公私合营、集成交付等为代表的基于合作关系的交付模式正在逐步推广应用。

到目前为止，联盟交付模式的应用主要集中在能源、交通和水利等公共基础设施项目中。尽管这些项目取得了积极成果，但相应的理论体系尚未完全建立，仅在基于合作关系交付模式这一概念上基本达成共识，对其所包含的伙伴关系（Partnering）、集成交付（Integrated Project Delivery）、公私合营（Public-private Partnership）、联营体（Joint Venture）、战略联盟（Strategic Alliance）等模式的定义、区分比较模糊，以上交付模式的应用也未形成统一的标准规范。此外，联盟交付模式在国内尚未进行实践应用，相应的理论基础

和实践经验有待积累，而我国建筑业在"引进来，走出去"发展战略的指导下正逐渐与国际市场接轨，该模式在拓宽"一带一路"建筑市场中也具有较大的应用前景。

参考文献

[1] Harrigan, K. R. Managing for Joint Ventures Success [M]. Lexington Books, Lexington, MA, 1986.

[2] Knott, T. No Business as Usual: An Extraordinary North Sea Result[M]. The British Petroleum Company, London, 1996.

[3] KPMG. Project Alliances in the Construction Industry[M]. NSW Department of Public Works & Services, Sydney, 1998.

[4] Australian Constructors Association. Relationship Contracting: Optimising Project Outcomes[M]. Australian Constructors Association (ACA), North Sydney, 1999.

[5] Fernandes D A, Costa, António Aguiar, Lahdenper P. Key Features of a Project Alliance and their Impact on the Success of an Apartment Renovation: a Case Study [J]. International Journal of Construction Management, 2017: 1-15.

[6] Campbell, Peter, and David Minns. Alliancing-The East Spar and Wandoo Projects[J]. AMPLA Bull, 15, 1996: 202.

[7] Henderson, A., & Cuttler, R. Northside Storage tunnel Project[C]. 10th Australia tunnelling conference, Melbourne, Australia, March 1999.

[8] Walker D H T, Hampson K, Peters R. Project Alliancing vs Project Partnering: a Case Study of the Australian National Museum Project [J]. Supply Chain Management: An International Journal, 2002, 7(2): 83-91.

[9] Walker D H T, Hampson K, Peters R. Project Alliancing vs Project Partnering: a Case Study of

the Australian National Museum Project [J]. Supply Chain Management: An International Journal, 2002, 7(2): 83-91.

[10] Wood, P., C. Duffield. In Pursuit of Additional Value-A Benchmarking Study Into Alliancing in the Australian Public Sector [R]. Melbourne, Australia: Evans & Peck, The University of Melbourne, 2009.

[11] 陆绍凯. 工程项目管理的联盟模式研究[J]. 建筑经济, 2004(11): 59-62.

[12] 唐亮. 建筑工程项目管理合作联盟研究[D]. 上海: 上海交通大学, 2009.

[13] 徐友全, 孔媛媛. IPD模式的国内研究现状及展望[J]. 工程管理学报, 2016, 30(5): 16-21.

[14] 叶丹丹, 祝军, 何清华. 集成项目交付(IPD)模式发展综述及组织治理研究[J]. 建设监理, 2016(10): 12-15, 18.

[15] DTF. Project Alliancing: Practitioners' Guide [M]. Victoria: Department of Treasury and Finance, Ross, 2006.

[16] Jefferies, Marcus, Graham Brewer, Steve Rowlinson, Yan Ki Fiona Cheung, Aaron Satchell. Project Alliances in the Australian Construction Industry: a Case Study of a Water Treatment Project [R]. 2006: 274-285.

[17] Lahdenper P. Towards the Use of Project Alliance: Joint Development of a Team Selection Procedure as an Example of Steps Taken [C]. MISBE2011-International Conference: Management and Innovation for a Sustainable Built Environment; Jun 20-23; Amsterdam, The Netherlands: Delft University of Technology, 2011.

[18] Gang Chen, Guomin Zhang, Yi-MinXie, et al. Overview of Alliancing Research and Practice in the Construction Industry [J]. Architectural Engineering and Design Management, 2012, 8 (2): 17.

[19] DIRD. National Alliance Contracting Guidelines. Guide to Alliance Contracting [M]. Canberra, Australia: Australian Government, Department of Infrastructure and Regional Development. 2015.

[20] Hauck A J, Walker D H T, Hampson K D, et al. Project Alliancing at National Museum of Australia——Collaborative Process[J]. Journal of Construction Engineering & Management, 2004, 130(1): 143-152.

[21] Green S, Lenard D. Organising the Project Procurement Process. In: Rowlinson S, McDermott P, editors. Procurement Systems: a Guide to Best Practice[R]. Spon: London; 1999, 57-82.

[22] Abrahams, Anthony, Alan Cullen. Project Alliances in the Construction Industry[J]. Australian Construction Law Newsletter 62. October/November (1998): 31-36.

[23] Haque SM, Green R, Keogh W. Collaborative Relationships in the UK Upstream Oil and Gas Industry: Critical Success and Failure Factors[J]. Problems and Perspectives in Management, 1/2004, 44-51.

[24] Yeung J F Y, Chan A P C, Chan D W M. The Definition of Alliancing in Construction as a Wittgenstein Family-resemblance Concept [J]. International Journal of Project Management, 2007, 25(3): 219-231.

[25] Bresnen M, Marshall N. Building Partnerships: Case Studies of Client. Contractor Collaboration in the UK Construction Industry[J]. Construction Management and Economics, 2000, 18 (7): 819-832.

[26] Davis P, Love P. Alliance Contracting: Adding Value through Relationship Development [J]. Engineering, Construction and Architectural Management, 2011, 18(5): 444-461.

[27] Cheng E W L, Li H, Love P E D, et al. Strategic Alliances: a Model for Establishing Long-term Commitment to Inter-organizational Relations in Construction[J]. Building and En-

vironment，2004，39（4）：459-468.

[28] Das T K，Teng B S. Partner Analysis and Alliance Performance[J]. Scandinavian Journal of Management，2003，19（3）：0-308.

[29] Meng X，Gallagher B. The Impact of Incentive Mechanisms on Project Performance[J]. International Journal of Project Management，2012，30（3）：352-362.

海绵城市建设绩效评价研究

李晓娟

（福建农林大学交通与土木工程学院，福建　350002）

【摘　要】 本文主要总结国内外海绵城市建设的理论与实践，针对当前国内相关研究缺乏的现状，提出海绵城市建设绩效评价主要应当解决指标权重与绩效赋值的有效性问题。在确定评价体系的基础上，基于 SEM 方法建立评价模型，并对模型进行修正，获得拟合度较好的评价模型。通过变量间路径系数，计算各级指标权重值，最后通过案例实证分析，验证方法的实用性和有效性。

【关键词】 海绵城市；绩效评价；结构方程模型

Research on Performance Evaluation of the Sponge City Construction Based on SEM

Xiaojuan Li

(College of Transportation and Civil Engineering of Fujian
Agriculture and Forestry University，Fujian　350002)

【Abstract】 The theories and practices of the sponge city construction were reviewed at home and abroad，and put for-ward that the performance evaluation should improve the effectiveness of index weight and performance assign-ment in view of the lack of related domestic research. Using SEM to estab-lish the theoretical model，the model is modified and a better fit evaluation model is obtained. According to the path coefficient of the model，the weight coefficient of each index is obtained，and the case analysis is carried out. The conclusion is that the practicability and validity of the model are verified.

【Keywords】 Sponge City；Performance Evaluation；Structural Equation Model

1 研究背景

自 21 世纪以来，中国经历了城市化的快速发展，城市化不仅是一种强有力的支持促进区域协调发展的动力，也是社会全面进步的必然要求。然而，快速的城市化发展带来了巨大的环境和资源压力，同时也对老城区更新计划中城市和地区结构完整性提出了更高的要求。为实现城市发展和环境资源的协调，建设自然积累、自然净化功能的海绵城市成为我国城市发展的主要方向。由于海绵城市建设才刚刚开始，目前国内学者对该领域的研究大都基于国外已有的成功经验。张毅川等[2]和邹宇[3]对国外雨水资源利用进行了归纳总结，并与国内海绵城市建设现状进行了对比研究，以此为基础探索适合本土需求的海绵城市建设发展模式与政策建议。通过对国内外海绵城市建设的对比研究不难发现，目前我国城市雨水利用相对滞后，与发达国家仍存在较大差距。新西兰制定了具体的雨水利用制度及管理措施，包括雨水基础设施政策、私人地区雨水管理政策、雨水排放政策及雨水处置政策、雨水灾害与地表径流政策、河流管理政策[4]。澳大利亚为应对长期干旱情况，提出了水敏感城市设计（WSUD），通过整合城市规划设计与水循环的保护、修复与管理，提高城市可持续性同时创造更有吸引力的生存环境[5]。德国相关机构对基于工商业区不同汇水面的径流水质进行分类研究，利用 GIS 技术对雨水处置方案进行了规划设计[6,7]。瑞典和丹麦推行的"雨水最佳管理实践"研究融合了水文考察、环境整合、公共景观设计、公众参与及管理制度改革[8]，该研究由于处理成本低、效果好而被广泛接受，亦可作为探索现阶段适应我国海绵城市建设的方法之一。

海绵城市建设的重要内容之一是对建设成果进行绩效考核与评价，在 2014 年 12 月财政部下发的《关于开展中央财政支持海绵城市建设试点工作的通知》中明确规定要对试点工作开展绩效评价，并根据绩效评价结果进行奖罚。

由于海绵城市建设尚处于起步阶段，相关理论研究亟待跟进，绩效评价作为海绵城市建设成果考核的主要手段，对于奖优惩劣、总结经验及引导后续建设工作具有极为重要的意义。

绩效评价研究主要包括绩效评价指标体系的构建与绩效评价方法的运用，由于在住房城乡建设部发布的《海绵城市建设绩效评价与考核办法（试行）》中已给出海绵城市建设绩效评价指标体系，本文将重点探讨绩效评价方法的运用问题。在绩效评价方法部分，多数学者会借助常用评价工具，如层次分析法、模糊综合评价法、模糊粗糙集方法[9]、因子分析法[10]等确定绩效评价指标权重并进行绩效评价。黄宁[11]对国外水务行业绩效管理模式进行研究，认为英、美为自评式代表，其绩效评估采用目标管理法，而德国为第三方评估式代表，主要采用数值标准法；何文盛[12]对美国项目评估分级工具进行研究，将 PART 基本流程分为确定被评项目、设计评估问题与明确评估标准、实施评估、划定项目等级并公布，以及回馈绩效改进建议书等 5 个环节。以上研究可为海绵城市建设绩效评价提供一定的借鉴，但上述方法均忽视了海绵城市建设绩效评价的群组决策本质。海绵城市建设绩效评价受到多种因素的制约，且依赖于评价主体的主观经验与判断，同时由于海绵城市建设在我国刚刚起步，系统的实践经验与理论体系的缺乏大大增加了相关研究中的不确定性与模糊性，使得提高绩效评价过程的客观性与科学性成为当前研究亟待解决的问题。

目前，海绵城市建设绩效评价主要应当解决在已有指标体系下，指标重要性程度确定和绩效赋值的公正性问题，基于此，本文从结构方式模式角度出发，在指标权重确定方面进行研究，降低评价个体的主观判断偏差，保证评价结果合理有效，以期为海绵城市建设绩效评价提供可借鉴的理论与方法。

2 海绵城市建设绩效评价模型

2.1 海绵城市建设绩效评价指标体系

2015 年 7 月 10 日，住房城乡建设部发布《海绵城市建设绩效评价与考核办法（试行）》，给出水生态、水环境、水资源、水安全、制度建设及执行情况、显示度 6 类 18 项指标（表1）。

海绵城市绩效评价指标数据 表 1

目标层	准则层	指标层
海绵城市绩效评价	水生态	年径流总量控制率
		生态岸线恢复
		地下水位
		城市热岛效应
	水环境	水环境质量
		城市面源污染控制
	水资源	污水再生利用率
		雨水资源利用率
		管网漏损控制
	水安全	城市暴雨内涝灾害防治
		饮用水安全
	制度建设及执行	规划建设管控制度
		蓝线、绿线划定与保护
		技术规范与技术标准
		投融资机制建设
		绩效考核与奖励机制
		产业化
	显示度	连片示范效应

2.2 基于 SEM 的海绵城市建设绩效模型权重确定

2.2.1 数据获取

用问卷调查方式获取数据，采用 Likert 5 点量表法设计问卷，目的是为了获取指标相关数据信息，便于设立变量，构建模型。问卷发放对象主要有：市政企业、政府相关部门、高校科研教学工作的专家、相关咨询机构等，问卷共发放 200 份，有效回收问卷 170 份，有效回收率为 85%。信度与效度可判断问卷数据的可靠性和有效性，进而可以判定指标选取的合理性与真实性。用 SPSS 软件分别对问卷进行信度与效度检验，用克朗巴哈 α 系数与 KMO、Bartlett 球形度检验的标准值作为判断准则。问卷的克朗巴哈 α 系数为 0.816，超过 0.7，说明问卷的可信度高，量表内部达到一致性信度标准，即问卷的可靠性得到了验证；总量表的 KMO 值为 0.865，Bartlett 球形度检验的数据也符合要求，KMO 值越大说明变量间相关性越大，即各指标间相关性大，问卷的有效性得到了验证。问卷数据分析结果均达到标准要求，说明选取的指标体系合理，适合做下一步模型的建立。

2.2.2 模型构建

首先对变量进行选取，选取各一级指标为潜在变量，各二级指标为测量变量，结合表 1，运用 AMOS 软件，结合相关数据，建立海绵城市绩效评价模型，依据 AMOS 软件给出的 MI 修正系数对模型进行修正后，最终得到拟合度较好的模型。对修正后的模型拟合度进行检验，结果如表 2 所示。

拟合指数									表 2
	X²	GFI	RMSEA	NCP	NFI	IFI	TLI	CFI	PCFI	PNFI
标准	>0.05	>0.90	<0.05	<0.05	>0.90	>0.90	>0.90	>0.90	>0.5	>0.50
实值	0.825	0.964	0.006	0.000	0.965	1.000	1.000	1.001	0.652	0.791

由表 2 可以看出，各拟合指数均已达到适配标准值，说明模型拟合度较好，则模型不需要进行修改，可作为海绵城市绩效评价模型。

2.2.3　模型分析与指标权重设计

结构方程模型的主要作用是揭示潜变量之间的结构关系，这种关系可从路径系数中体现。符号"b<—a"表示第 a 个变量与第 b 个变量之间的影响关系程度，路径系数可很好地表达这一关系，在海绵城市绩效评价结构方程模型中，路径系数代表指标间的关系，路径系数越大，说明指标对海绵城市绩效评价的影响程度越大。结构方程模型路径系数的判别标准如表 3 所示，为使模型更加精确，根据最终确立的模型，将路径系数判别结果整理如表 4 所示。

路径系数判别标准		表 3
路径系数取值区间	影响程度	是否需要被考虑
<0.60	一般	可以考虑或者不考虑
0.60~0.65	较大	需要考虑
0.66~0.70	很大	需要考虑
0.71~0.80	极大	需要考虑
>0.80	非常大	必须考虑

路径系数分析表					表 4
变量	相关性	变量	路径系数	说明	残差项数值
结构模型的变量					
水生态	<—	绩效评价	0.85	变量间的影响关系非常大，必须考虑	$r_3=0.48$
水资源	<—	绩效评价	0.82		$r_1=0.76$
水安全	<—	绩效评价	0.74		$r_4=0.58$
水环境	<—	绩效评价	0.68	变量间影响关系很大，需要考虑	$r_2=0.62$
制度建设及执行	<—	绩效评价	0.66		$r_5=0.65$
显示度	<—	绩效评价	0.65		$r_5=0.66$
测量模型与结构模型的变量					
饮用水安全	<—	水安全	0.83		$e_8=0.12$
年径流总量控制率	<—	水生态	0.80		$e_{13}=0.31$
城市面源污染控制	<—	水环境	0.74		$e_9=0.25$
供水管网漏损控制	<—	水资源	0.74	指标能很好地表达潜变量，影响程度极大，需要考虑	$e_{15}=0.62$
地下水位	<—	水生态	0.73		$e_{12}=0.61$
污水再生利用率	<—	水资源	0.72		$e_5=0.66$
生态岸线恢复	<—	水生态	0.72		$e_{16}=0.71$
连片示范效应	<—	显示度	0.71		$e_{18}=0.75$
水环境质量	<—	水环境	0.68		$e_2=0.64$
城市热岛效应	<—	水生态	0.67	指标能很好地表达潜变量，影响程度很大，需要考虑	$e_6=0.51$
城市暴雨内涝灾害防治	<—	水安全	0.67		$e_{20}=0.64$
城市建设管控制度	<—	建设制度及执行情况	0.66		$e_3=0.46$
雨水资源利用率	<—	水资源	0.65		$e_{14}=0.60$

续表

变量	相关性	变量	路径系数	说明	残差项数值
产业化	<—	建设制度及执行情况	0.654		$e_7=0.48$
投融资机制建设	<—	建设制度及执行情况	0.63		$e_1=0.20$
绩效考核与奖励机制	<—	建设制度及执行情况	0.62	指标能很好地表达潜变量，影响程度很大，需要考虑	$e_{10}=0.035$
技术规范与标准建设	<—	建设制度及执行情况	0.62		$e_{19}=0.60$
蓝线、绿线划定与保护	<—	建设制度及执行情况	0.61		$e_4=0.63$

e 和 r 代表变量间的残差项，主要反映在结构方程中未能被解释的部分。若残差项出现负值，则需要对问卷进行重新设定与发放，表4中的残差项均为正值。对于结构模型的路径系数统计，5 个一级指标潜变量的路径系数均大于 0.6，说明对海绵城市绩效评价的影响很大，因此在海绵城市建设绩效过程中，这些都是需要考虑的变量。水生态的路径系数为0.85，水资源的路径系数为 0.82，说明对海绵城市建设绩效的影响最大，其次是水安全、水环境、制度建设及执行与显示度。

设计指标权重值计算公式，公式（1）代表一级指标权重计算公式，公式（2）代表二级指标权重计算公式，依据路径系数，确立各指标的权重系数。各指标的权重系数如表 5 所示。

$$W(F_m) = \frac{R(F_m)}{\sum\limits_{m=1}^{n=5} R(F_m)} \quad (m=1,2,3,4,5)$$

（1）

其中：m 为一级指标代号；k 为一级指标对应的二级指标代号；W 为权重值；R 为路径系数；F 为一级指标；T 为二级指标；F_m 为第 m 个一级指标；$R(F_m)$ 为第 m 个一级指标路径系数；$W(F_m)$ 为第 m 个一级指标权重值。

$$W(T_{mk}) = \frac{R(T_{mk})}{\sum\limits_{\substack{k=1 \\ m=1}}^{\substack{n_1=5 \\ n_2=m}} R(T_{mk})} \quad (m,k=1,2,3,4,5)$$

（2）

其中：T_{mk} 为第 m 个一级指标对应的第 k 个二级指标；$W(T_{mk})$ 为对应的权重值；$R(T_{mk})$ 为对应的路径系数。

$$W_{mk} = W(F_m) * W(T_{mk}) \quad （3）$$

其中：W_{mk} 即为各二级指标最终权重值。

各级指标权重系数　　　表 5

目标层	准则层 $W(F_m)$	指标层	$W(T_{mk})$	$W_{mk}=W(F_m)\cdot W(T_{mk})$
海绵城市绩效评价	水生态 0.193182	年径流总量控制率	0.274	0.053
		生态岸线恢复	0.247	0.048
		地下水位	0.250	0.048
		城市热岛效应	0.229	0.044
	水环境 0.154545	水环境质量	0.479	0.074
		城市面源污染控制	0.521	0.081
	水资源 0.186364	污水再生利用率	0.526	0.098
		雨水资源利用率	0.474	0.088
	水安全 0.168182	管网漏损控制	0.067	0.011
		城市暴雨内涝灾害防治	0.310	0.052
		饮用水安全	0.384	0.065
		城市建设管控制度	0.306	0.051
	制度建设及执行 0.15	蓝线、绿线划定与保护	0.243	0.036
		技术规范与技术标准	0.247	0.037
		投融资机制建设	0.251	0.038
		绩效考核与奖励机制	0.056	0.008
		产业化	0.260	0.039
	显示度 0.147727	连片示范效应	1.000	0.148

2.3　评分方式设定

指标权重确定后，需要对计算公式进行设定。海绵城市建设绩效采取计分制度，需要对二级指标的具体评价内容进行评分，把最终得到的每个二级指标的分数值记为 X_j（$j=1$，2，…，20），一级指标对应的数值记为 Y_i（$i=1$，2，3，4，5），将信用评价的总得分记为 S，得出：

$$S = Y_1 + Y_2 + Y_3 + Y_4 + Y_5 \quad (4)$$

其中：
$$\begin{cases} Y_1 = X_1 \cdot 0.042 + X_2 \cdot 0.045 + \\ \qquad X_3 \cdot 0.044 + X_4 \cdot 0.04 + X_5 \cdot 0.048 \\ Y_2 = X_6 \cdot 0.042 + X_7 \cdot 0.041 + X_9 \cdot \\ \qquad 0.052 + X_9 \cdot 0.046 \\ Y_3 = X_{10} \cdot 0.042 + X_{11} \cdot 0.04 + X_{12} \cdot \\ \qquad 0.048 + X_{13} \cdot 0.053 + X_{14}0.044 \\ Y_4 = X_{15} \cdot 0.071 + X_{16}0.069 + X_{17}0.057 \\ Y_5 = X_{19} \cdot 0.062 + X_{19} \cdot 0.055 + \\ \qquad X_{20} \cdot 0.059 \end{cases}$$
$$(5)$$

公式（4）即为总评分的计算公式，公式（5）为信用评价体系中各一级评价指标得分计算公式。

3　实例分析

厦门市位于福建省东南端，西接漳州台商投资区，北邻南安，东南与大小金门和大担岛隔海相望，属亚热带海洋性季风气候。厦门海绵城市试点建设有海沧马銮湾试点区和翔安新城试点区两个试点区，试点区总面积 35.4km²，试点期（2015—2017 年）计划建设项目 259 个。本文对两区的海绵城市绩效水平进行评价，2 个区的评价指标数据见表 6。

案例得分		表 6
指标	海沧马銮湾试点区	翔安新城试点区
水生态（Y_1）	16.561	16.561
水资源（Y_2）	14.586	13.189
水安全（Y_3）	12.544	14.544
水环境（Y_4）	14.043	15.76
制度建设及执行（Y_5）	15.595	15.595
显示度（Y_6）	10.865	11.01
（S）	85.194	87.659

通过分析厦门市海绵城市试点建设情况，可得出以下结论：

（1）指标体系间内部分析。从表 6 分析结果可以看出，在 6 个准则层的评价指标中，水生态绩效水平高于其他 5 项准则层指标，而显示度绩效最低，说明厦门市在建设海绵城市时水生态方面的建设成效大，但连片区整体效应水平不高。在以后的建设中应注重海绵城市建设的连片区示范绩效。

（2）综合绩效分析。从表 6 分析结果看，2 个区综合成绩均大于 80 分，其绩效水平均达到良好以上水平。该方法评价的结果与国家发改改革委对厦门市海绵城市建设中期考核绩效评价结果基本一致。

4　结语

海绵城市的兴起是人与自然和谐发展的必然要求，是落实生态文明发展的重要举措，也是实现修复城市水生态、改善城市水环境、提高城市水安全等多重目标的有效手段。本文针对国内外海绵城市建设研究现状，考虑到绩效评价的多属性，运用 SEM 研究方法建立海绵城市建设绩效评价模型，通过模型的路径系数分析各指标之间的相互影响程度，通过设计权重值计算公式得出指标的权重系数值，并由此得出海绵城市建设绩效计分方式。通过实证案例分析，该评价方法能准确地评价海绵城市建设的绩效水平。该方法可操作性强，建立的评价模型以及评分计算方式可以用来判定海绵城市建设绩效情况，提高了决策结果的合理性与可信度，为海绵城市的绩效考核提供依据。

参考文献

[1] 车武，李俊奇. 从第十届国际雨水利用大会看城市雨水利用的现状与趋势[J]. 给水排水，2002，28（3）：12-14.

[2] 张毅川，王江萍. 国外雨水资源利用研究对我国"海绵城市"研究的启示[J]. 资源开发与市场，2015，31（10）：1220-1223，1272.

[3] 邹宇，许乙青，邱灿红. 南方多雨地区海绵城市建设研究：以湖南省宁乡县为例[J]. 经济地理，2015，35（9）：65-71，78.

[4] 刘洋，李俊奇，刘红，等. 新西兰典型雨水管理政策剖析与启示[J]. 中国给水排水，2007，23（20）：11-15.

[5] 莫琳，俞孔坚. 构建城市绿色海绵：生态雨洪调蓄系统规划研究[J]. 城市发展研究，2012，19（5）：130-134.

[6] MINISTERIUM FUER UMWELT UND NA-TURSCHUTZ，LANDWIRTSCHAFT UND VERBRAUCHER SCHUTZ DES LAND ESN-ORDRHEI-TFALEN. Naturnahe Regenwasser-bewirtschaf-tung ［M］. Duisburg：WAZ-DRUCK，2001.

[7] GEIGER W，DREISEITL H. Neue Wege fuer das Regenwasser：Hand-buch zum Rueckhalt und zur Versickerung von Regenwasser in Bauge-bieten[M]. Muenchen：Oldenbourg industriever-lag Gmb H，2001.

[8] MARTIN P. Sustainable Urban Drainage Sys-tems：Best Practice Man-ual for England，Scot-land，Wales and Northern Ireland［M］. Lon-don：Construction Industry Research & Informa-tion Association，2001.

[9] 谢传胜，徐欣，侯文甜，等. 城市低碳经济综合评价及发展路径分析[J]. 技术经济，2010，29（8）：29-32.

[10] 关海玲，孙玉军. 我国省域低碳生态城市发展水平综合评价：基于因子分析[J]. 技术经济，2012，31（7）：91-98.

[11] 黄宁，魏海涛，沈体雁. 国外城市水务行业绩效管理模式比较研究[J]. 城市发展研究，2013，20（8）：138-142.

[12] 何文盛，曹洁，张志栋. 美国政府绩效评价中项目评估分级工具：背景、内容与借鉴[J]. 兰州大学学报（社会科学版），2009，37（1）：92-99.

以项目为依托的高职院校产学研合作创新模式的实践
——以太原城市职业技术学院
BIM 创新应用中心为例

曹红梅　田　蓉　刘航天

（太原城市职业技术学院 BIM 创新应用中心，太原　030027）

【摘　要】　本文聚焦于产学研合作创新模式，建立和巩固以项目为依托的产学研长期、持续、稳定的深度合作关系。研究采用案例研究法，以太原城市学院成立的 BIM 创新应用中心为例，从工作模式、人才培养、深度融合三方面介绍了产学研合作创新模式的具体实践。该研究能够促进产学研各方优势互补，深度融合，为高职院校的产学研深度融合探索一条切实可行之路。

【关键词】　项目依托；产学研合作；工作模式；人才培养

Practice of Project-based Industry-study-research Cooperation Innovation Mode in Higher Vocational Colleges——Taking BIM Innovation and Application Center of Taiyuan City Vocational College as an example

Hongmei Cao　Rong Tian　Hangtian Liu

（Taiyuan City Vocational College，BIM Innovation and Application Center，Taiyuan　030027）

【Abstract】　This paper focuses on the innovative model of industry-university-research cooperation and seeks to build and consolidate long-term, continuous, stable and closed cooperation relationship. Employing the BIM innovation application center as an example nested with case study method, it introduces practice of industry-university-research cooperation in detail from the perspectives of working mode, talent cultivation and deep integration. This research would have important implications in contributing various parties to take advantage of and share their strengths，enhancing deep integration as well as providing some practical advice on industry-university-research co-operation.

【Keywords】　Project Support；Production；Study and Research Cooperation；Work Mode；Talent Training

在知识创新速度加快、国家产业结构调整、企业产业转型升级压力增大、持续创新需求日趋旺盛的大背景下，产学研合作作为一种跨组织关系，能够实现跨学科和跨行业的合作。

通过开展产学研合作，参与各方能够形成更加紧密高效的协同合作关系。但事实上，产学研的合作促成并不是一件简单的事，在共同需求的基础上，各方仍需要投入相当多的时间成本、精力成本、资金成本、机会成本，进行多次有效沟通，取得共识后方能开展合作。实践中，由于各合作方各种不同原因，产学研合作总是会出现螺旋式反复的寻求新合作伙伴的行为，这也是现今产学研合作中的一个痛点。因此，建立一种长期、持续、稳定的合作关系，成为产学研合作各方共同的诉求。与一般松散型合作组织不同，长期、持续、稳定合作关系的构建不仅需要共同的愿景，还需建立能够实现共同利益的组织和体现共同利益的制度。在实现产学研深度合作过程中，共同愿景的常规形态就是项目，基于项目制定的组织规则和制度规范，是实现产学研成员共同愿景的有力保障。

习近平总书记在十九大上强调了建立产学研深度融合技术创新体系的必要性和紧迫性，为助推太原区域经济发展，同济大学和太原市人民政府于2017年12月27日签署了战略合作协议，2018年6月11日双方签署了《共建同济大学太原研究院协议》。为落实同济大学和太原市人民政府的全面合作，充分发挥同济大学科技资源、人才培养优势，实现太原轨道交通领域以运营为导向的全生命周期 BIM 技术应用，建立校企产学研紧密结合的长效深度合作机制，太原市轨道交通发展有限公司（以下简称太原轨道）、同济大学与太原城市职业技术学院（以下简称"城市学院"）三方本着"产教融合、优势互补、资源共享、共同发展"的原则，在充分协商的基础上，于2018年9月共同设立"同济大学太原 BIM 技术创新应用中心"（以下简称"BIM 创新中心"）。中心地点设在太原城市职业技术学院本校内，于2018年9月12日正式步入实践运行阶段，至今依托项目展开了产学研的深度合作实践。本文将从项目依托下创新工作模式的构建与实践、项目依托下技术技能人才培养模式的创新与实践、项目依托下产学研深度融合的创新与实践三个方面进行具体阐述。

1　项目依托下创新工作模式的构建与实践

在同济大学、太原轨道、城市学院三方项目合作协议框架下，依托太原市轨道交通发展有限公司以运营为导向的全生命周期 BIM 技术应用项目，结合 BIM 可视化、集成性、模拟性等特征，三方经反复商榷，决定建立开放式工作室（图1），即 IROOM（Interactive & Integrated Room）。IROOM 的总体定位为交互集成办公空间，三方工作人员（共 20 余人）基于整个运维模型的创建过程进行协同讨论、　　协同办公，交流互鉴。

图 1　开放式工作室

项目建设过程的本质是物质和信息不断转化的协作过程，项目信息的可用性、可查性和可靠性决定了项目组织决策和实施过程的根本质量。作为交互集成办公空间的 IROOM，集多方工作人员于一室，在项目模型建设的各个阶段对信息进行高效地收集、处理、传输和存储，以满足产学研不同主体对于信息的需求。"太原轨道交通以运营为导向的全生命周期 BIM 技术研发及应用"项目，需采用图纸翻模＋现场实景调整建模相结合的方式，而建模工作可能受到对于图纸理解的影响，为此，建模的协同性要求不定期组织短期集中的小范围建模协同讨论。BIM 的全过程集成应用不单是一个技术问题，也不单是靠信息平台和标准设计就可以解决，这是一个系统的工作，涉及技术、标准、平台、流程，深层次变革，更会涉及组织、人员、文化和商业模式，需要系统的思考和设计。

IROOM 同时兼具问题导向型的讨论工作室的功能，这给实践中的具体磨合设计和方案应用商讨带来极大的优势。在参考设计图纸建模过程中，设计问题会不断地出现，有了 IROOM，产学研各方可以随时根据模型本身就设计、施工问题进行讨论和技术分析。在样板段的建模中，通常是建模团队按地铁建模标准，参考各专业施工图、设计图纸进行初始翻模，各方再基于初始翻模成果展开运维导向模型建模及数据、资料维护要求的讨论。讨论涉及的单位包括但不限于业主方建设管理和运营管理技术人员、BIM 总体咨询单位、建模团队、运营期模型支持团队以及高校方。参与讨论时，不仅参考初始模型，还需逐项确定每类设施、设备的模型命名、颜色、编码和实体划分标准。讨论前中心内产学研各方人员先通过协同平台预先了解讨论内容，熟悉相关模型，讨论时优先使用协同平台直接展示，同时建模团队根据修改要求同步修改模型属性和几何拆分，修改后直接同步到平台。鉴于同时懂各专业的人不多，项目初次还采用分专业逐项讨论的方式。通过与轨道交通不同专业人员进行编码需求的沟通，团队中的各方分层次、分阶段地接触到了应用于轨道交通的编码需求、专业分类，同时熟悉了平台协同应用，高校方参与了部分标段的建模工作，学习并掌握了 BIM 技术，并迅速应用于具体的在建项目，极大地丰富了实践经验，为今后专业人才培养方案的设置打下坚实基础；业主方深入了解到编码制定和分类的依据，建模过程中、操作中的具体难点，为后期的运营筹备储备了丰富的基础知识；科研单位也收集了各方对于编码、建模的问题和建议，为今后搭建协同平台积累了大量的数据信息。

基于项目依托的 IROOM 工作室，产学研各方人员均可针对发现的设计、施工问题，随时或不定期地提出并组织集中的小范围协同讨论，再通过规范的组织管理制度将任务解决方案实施分配和反馈处理。在工作过程的初期磨合阶段，产学研各方不仅对项目进行了深度的理解，同时还深层次了解了各方的任务需求与工作模式，也为 BIM 创新中心的组织架构、人员工作安排、高校企业科研单位文化的交流融合以及商业模式的长期合作奠定了深厚的基础。

2　项目依托下技术技能人才培养模式的创新与实践

"校校联合、校企联合"，基于轨道交通 2 号线项目，满足太原轨道 BIM 人才需求，我院与太原轨道签订了"订单培养协议"，新开设的建设项目信息化管理专业（BIM 应用方向）向轨道公司订单培养 30 人，由城市学院与太原轨道共同研制人才培养方案、开发课程和教材，同济大学作为合作方发挥国内技术领先优势，对我院建设项目信息化管理专业（BIM 应用方向）建设全过程参与指导（图 2）。依托中心资源优势，BIM 创新中心的全体成员参与课程标准论证工作，并基于城市轨道 BIM 应用项目的实际情况提出专

图 2　全过程指导

业建议，同时根据人才培养的需要，结合学院和企业人员的不同优势，各自在不同阶段承担授课任务，实现校企协同育人，满足企业定制需求，提高人才培养质量。

为了使教师和企业深度融合，学院和企业达成共识，优化师资配置，引进企业工匠与科研专家，培养高水平的师资队伍，城市学院出台了相应的鼓励政策和实施办法，轨道公司对应配套了相应的项目和锻炼机会。校企框架合作层面上，以双师素质建设为主线，提升专业教师团队整体实力为重点，按"生产＋教学＋专业建设＋社会服务"相结合的专业教师队伍培养模式，利用 BIM 创新中心资源优势打造一支多元化的"双师型"师资队伍，师资队伍中还包含有企业技术人员，双方理论和实践进行双向沟通。在实践实施层面，校企互通、资源共享，通过选派骨干教师全过程参与太原轨道 BIM 应用项目，从 BIM 创新中心聘请多名实践经验丰富的一线城市轨道运维工程师担任兼职教师，班级管理启用双师管理，即校内专职教师与 BIM 创新中心人员协同教学管理等方式丰富师资队伍建设，学校积极为公司员工培训提供所需的课程、师资等资源，校企形成命运共同体。

为完成 BIM 专业订单班的人才培养，产学研三方通力合作，基于中心和项目可公开部分的数据资料完成（表 1）课程资源建设。

课程资源建设　　　　　　　　　表 1

课程资源类型	现状	预期目标
教材	基于"十三五"规划选择各门课程的授课教程，但专业较为前沿，部分教材无法满足现有需求，存在差异性与不匹配性	在项目合作期内，基于 BIM 创新中心和项目可公开部分的数据资料完成专业对口的校本教材编制，覆盖本专业 70％课程需求

续表

课程资源类型	现状	预期目标
BIM 模型	现阶段只收录了基于学校实训图纸创建的多专业 BIM 模型，缺少对口城市轨道项目的全专业 BIM 模型	在项目合作期内，基于 BIM 创新中心和项目可公开部分的数据资料，完成满足教学使用需求的站点、区间、车辆段、出入口等模型的创建，保证在教学过程中实现模型浏览、模型创建、模型使用等任务
图片视频	现阶段收录了大量民用建筑相关的施工照片、施工视频和施工模拟动画，缺少对口城市轨道项目的建筑施工照片、施工视频和施工模拟动画	在项目合作期内，基于 BIM 创新中心和项目可公开部分的数据资料，收录城市轨道项目建筑相关的施工照片、施工视频和施工模拟动画
共享数据库	正在不断完善	在项目合作期内，基于 BIM 创新中心和项目可公开部分的数据资料，创建共享数据库，涉及课程标准、电子版书本教程、微课、视频图片、BIM 模型及族库等

为更好地完成 BIM 专业订单班学生的教学培养，首先 BIM 创新中心作为校企合作实体，为 BIM 专业订单班提供实训平台，让学生在学习专业知识的基础上，每日轮岗到中心参与工作，了解企业文化，增加专业了解，确保能够有效参与企业项目实践。其次，针对轨道交通和 BIM 相关知识搭设对口实训室，在培养学生专业素养的同时，参与企业的员工专项培训，了解企业岗位需求和公司技术技能要求，以期毕业后可以直接入职对接。另外，在生产实习和顶岗实习期间，学生可以根据学习任务安排进入 BIM 中心参与实践性工作。具体实训工作涵盖建筑 VR 及 AR 实训、建模软件实训、建筑过程模拟及动画制作实训、太原

轨道交通 2 号线的 BIM 应用等。订单班课程和实训内容的设置根据产学研三方共同调研讨论产生，并会持续对订单人员适岗情况进行后续的服务和跟进，以期大幅度提升对企人员培养质量。

3　项目依托下产学研深度融合的创新与实践

半年多来，BIM 创新中心在推进产学研深度融合进程中还进行了相关实践的具体探索。

3.1　开展论坛交流

依托项目，开展讲座、论坛，丰富新技术应用经验。2018 年 11 月 26 日，由太原轨道牵头，同济大学、城市学院和山西天帷共同举办了首届 BIM 技术高端论坛（图 3），面向山西省建筑相关行业、建筑院系及其他相关单位（近 70 家单位，约 300 余人）发出会议邀请函，共同研讨学习 BIM 技术应用成果与未来发展。论坛上聘请了多名轨道交通、BIM 技术应用的企业行业专家，进行了深入的产学研交流和推广合作。

图 3　首届 BIM 技术高端论坛

3.2　参编技术标准

依托项目，参与编制以运营为导向的轨道

交通 BIM 应用系列标准，提升校企研各方的科研能力。为了推进太原市轨道交通工程项目管理化、规范化和信息化，立足于轨道交通工程项目全生命周期管理，特别是运营阶段的应用，BIM 创新中心紧密结合太原市轨道交通以运营为导向的项目特点，启动了以运营为导向的轨道交通 BIM 应用系列标准的编制工作，现三方人员已共同参与完成《太原市轨道交通设施设备分类与编码标准》《太原市轨道交通建筑信息（BIM）建模标准》的编制，并已通过专家论证（图 4）。

图 4　专家论证会

3.3　参与模型建设

依托项目，各方共同参与模型创建实践，学习新技术。2018 年 12 月至今，三方团队共同参与了太原轨道交通 2 号线一期工程模型的讨论、创建，迄今为止，已完成 18 个站点、11 个区间的创建工作，并通过了自审和建模团队的标准审核。各方人员按照建模要求分工开展创建，通过项目实践的应用，都一定程度上学习了新技术，提升了新技能。

3.4　开展培训考核

依托项目，中心成员参与职业技能培训，考取职业技能证书。结合国家 BIM 应用专业技能要求，配合区域经济发展需要，太原城市学院积极申请，并经协会批准授权，作为住房城乡建设领域 BIM 考点，于 2018 年 12 月～2019 年 1 月组织开展了 BIM 工程师培训暨考试工作并圆满落下帷幕。产学研三方的工作人员全部参与了本次培训并通过了考核。

4　结语

产学研深度融合，就是以提升能力为基础，以服务需求为导向，以共建共享为路径，紧密围绕项目开展长期、持续、稳定的合作，各方共同推进技术技能积累创新的机制。本文以太原城市职业技术学院已开展的以项目为依托的产学研探索实践为实际案例，力求为地区产业经济和高职院校的发展开拓新角度，为产学研合作模式的思考提供新方向，为此后的高职院校产学研合作模式的实际规划做有益的参考和补充。

参考文献

[1] 张世宇，林必毅，余丽丽 . 基于 BIM 的智慧建筑运维实现方式及价值研究[J]. 智慧建筑与智慧城市，2018.

[2] 韩凤芹 . 职业教育迎来多元办学主体时代[N]. 人民政协报，2019-02-20(010).

[3] 邵鹏 . 中外高校产学研模式比较研究[D]. 东北大学，2013.

[4] 李长萍，尤完，刘春 . 中外高校产学研协同创新模式比较研究[J]. 中国高校科技，2017，8：16-19.

[5] 闫福刚，马小娟 . 高职院校产学研一体化实训基地建设与实践——以天津轨道交通实训基地为例[J]. 考试研究，2018，70(05)：108-112.

[6] 任占营 . 新时代高职院校强化内涵建设的关键问题探讨[J]. 中国职业技术教育，2018，671(19)：54-58.

[7] 林伟连 . 面向持续创新的产学研合作共同体构

建研究［D］. 浙江大学，2017.

［8］ 罗明誉 . 高职院校产教融合实现机制研究——基于浙江省高职院校的现状分析［D］. 浙江工业大学，2017.

［9］ 范为启 . 论高等教育的产学研模式［J］. 内蒙古师范大学学报，2002，1：15-20.

［10］ 冯海燕 . 产学研合作的协同效应及路径优化研究［D］. 北京交通大学，2018.

［11］ 陶红霞 . 高等职业院校 BIM 产学研教学探究［J］. 建筑技术，2018，49（09）：92-94.

［12］ 黄亚妮 . 高职教育校企合作模式的比较研究［J］. 职业技术教育（教科版），2004，25（28）：15-18.

装配式建筑建造阶段绿色效益的评价研究

张　雁　黎向健　王幼松

（华南理工大学土木与交通学院 广州　510641）

【摘　要】 推广装配式建筑和实现绿色发展是我国建筑业"十三五"期间并行的发展目标，本文基于目标距离法和资源耗竭系数建立评价模型，针对装配式住宅进行分析。研究发现，装配式建造方式的节能减排效益良好，比住宅建筑业平均水平提高了 35.4%，但节材效益并不明显。基于此，装配式建造方式对绿色效益确有一定增强作用，值得在今后的建筑业发展中得到鼓励应用。

【关键词】 绿色效益；装配式；建造阶段；目标距离法

Evaluation Research of the Green Effect of Prefabrication Building on Construction

Yan Zhang　Xiangjian Li　Yousong Wang

（School of Civil Engineering and Transportation，
South China University of Technology，Guangzhou　510641）

【Abstract】 Promoting prefabricated construction method and achieving green development are the goals of China's construction industry during the 13th Five-Year Plan period. This paper establishes an evaluation model based on distance-to-target and the resource consumption indicators，and analyzes the assembly houses. This study found that the benefits in the energy-saving and emission-reducing of prefabricated construction method are good，which is 35.4% higher than that of residential construction industry. However，the benefits of material saving are not so good. Above all，the prefabricated construction method has the green benefits，and it is worthy of promotion in the future development of the construction industry.

【Keywords】 Green Benefit；Prefabrication；Construction；Distance-to-target

1 引言

建筑工程资源消耗大，每年建筑水泥的消耗量占全国总消耗的 70%，建筑用钢消耗量占总消耗量的 25%，木材消耗量占总消耗量的 40%，建筑生产过程耗水占城市用水的 30.4%。同时建筑施工活动对环境也造成较大的影响。对城市环境质量的影响中，施工粉尘贡献超过 22%。建筑垃圾排放量已达城市垃圾总量的 30% 以上。在建筑业转型升级的背景下，降低资源和能源消耗，减少环境污染是建筑业迫在眉睫的问题。而装配式建筑则是实现建筑业可持续发展的重要手段。国务院办公厅《关于进一步加强城市规划建设管理工作的若干意见》提出"加大政策支持力度，力争用 10 年左右时间，使装配式建筑占新建建筑的比例达到 30%"。推行装配式建筑势在必行。

关于装配式建筑的节能减排效益，国内外学者对此进行了较多的研究。王广明、刘洪娥、刘美霞[1~3]等人比较了传统现浇结构和装配式结构这两种建造方式在资源消耗、能源消耗、碳排放等方面的差异。Alfred A. Yee[4]的研究指出在普通建筑施工中，预制混凝土技术的使用可以节约 60% 的混凝土用量和 65% 的钢材用量；Jaillon[5]研究发现采用预制构件可以减少施工用水 41%，减少施工废弃物 56%。目前多数的研究是在计量和对比两种建造方式的资源消耗和污染物排放量，而没有考虑不同资源和污染物对环境不同程度的影响，没有考虑不同资源和污染物指标在绩效评价中的不同权重。

本文建立适合装配式建造方式特点的效益评价流程，从材料节约和节能减排两个方面计量和评价装配式建筑在绿色建造方面的优势。最后以深圳市一个装配式住宅工程为案例进行分析。

2 绿色效益

效益是指在某一个方面所取得的效果和成效。目前对绿色效益并没有统一的定义，本文中"绿色效益"应与建造阶段的特点相适应。《建筑工程绿色施工规范》对绿色施工的定义是"最大限度地节约资源，减少对环境负面影响，实现节能、节水、节地和环境保护的建筑施工活动"。可见在建筑工程的建造阶段，"绿色"的内涵是节约资源和减少对环境的负面影响。借鉴规范的定义，本文对建造阶段"绿色效益"的定义是建筑施工活动在节约资源和减少对环境负面影响的效果。

3 评价模型的建立

由于绿色效益评价是一项涉及环境影响的复杂问题。目前国际上比较有代表性的环境影响评价方法有 7 种[6]，其中由丹麦技术大学开发的 EDIP[7]研究框架在国内受到较大的认可。其设计机理是每种环境影响类型所获得的权重由其实际影响值与目标影响值之间的比率决定，目标影响值则通过政治决策或者计算环境承载能力确定。对于资源消耗类环境影响，则由资源稀缺性确定其权重[8]。曹新颖、苏舒等学者相继开发出适用于国内建筑工程评价的版本[9,10]，本文在 EDIP 和国内外学者研究的基础上建立装配式建造方式绿色效益评价模型，如图 1 所示。

3.1 评价指标选取及分类

本文对建造活动所消耗的资源能源和排放的物质进行梳理，并从材料消耗和节能减排两个角度进行分类，以表征材料消耗和节能减排的效果。材料消耗类指标方面，根据对相关文献的梳理[1~3][9]，混凝土、钢材、木材和砂浆是主要的建筑材料且能有效反映两种建造方式在材料消耗上的差异，因此本文选取四种材料的消耗作为评价指标。节能减排类指标方面，在建造阶段消耗的能源绝大部分是柴油、汽油和电，消耗的资源主要是自来水，排放的物质是施工废弃物、CO_2。本文把消耗的电和油统一折算为标准煤，并选取能源消耗、水资源消耗、施工废弃物产生和 CO_2 排放四个评价指标。由于施工活动中直接排放的 CO_2 较少，为了客观地反映装配式建筑的节能减排潜力，CO_2 排放量为装配式建筑在物化阶段中的排放。评价指标如图 2 所示。

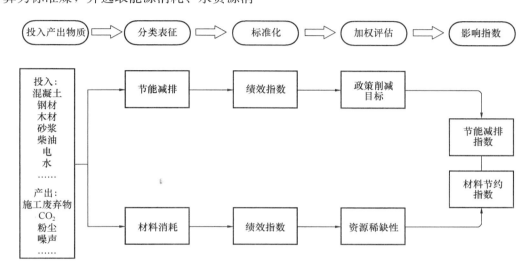

图 1　装配式建造的绿色效益评价流程

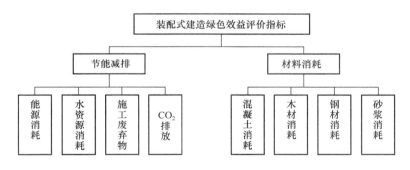

图 2　装配式建造绿色效益评价指标

3.2　数据标准化模型

各种材料消耗量和物质排放量差别很大，需要对指标数据进行标准化处理，这样有利于消除指标的量纲差异，也有利于横向比较各种效益指标的相对大小。本文运用资源环境绩效指数的原理[11]，计量各指标的绩效指数，如式（1）所示。

$$PI_i = \frac{x_i}{X_i} \qquad (1)$$

式中，PI_i 是某工程项目第 i 种资源、能源、排放污染物的绩效指数；x_i 为某工程项目单位建筑面积第 i 种资源能源消耗量或污染物排放量；X_i 为在行业平均水准下，单位建筑面积第 i 种能源资源消耗或污染物排放量。绩效指数 PI 反映了某装配式建筑项目的资源消耗或物质排放水平相较于行业平均水平的高低。

如此，绩效指数 PI 为 1 即表示与行业平均水平持平，某个指标 PI 值越低，其该指标效益就越好；反之效益越差。

3.3 权重体系确立

在环境评价体系中，目标距离法是常用的加权评估方法。目标距离法的思路是确定一个目标，用当前的水平与目标水平的比率来确定权重。这个目标可以是管理目标、科学目标或政策目标。EDIP 方法就是运用"政策目标距离"的思想进行加权。Lin[12]也指出在中国这种发展中国家，政府制定了许多关于环境发展的政策目标，在环境保护过程中具有主导作用，能代表大多数公众的意见。本文设定2015 年为基准年，2020 年为目标年，根据《中国统计年鉴》（2015 版）[13]和其他文献[14,15]，并对"十三五"时期各项规划中有关绿色发展相关指标进行梳理，见表 1。

"十三五"时期绿色发展相关政策要求　表 1

指标类型	基准值	目标值	政策名称
水资源消耗	88.97m³/万元国内生产总值[13]	68.51m³/万元国内生产总值	《国民经济和社会发展"十三五"规划纲要》
能源消耗	0.63tce/万元国内生产总值[13]	0.54tce/万元国内生产总值	《国民经济和社会发展"十三五"规划纲要》
CO₂排放	1.41t/万元国内生产总值①	1.15t/万元国内生产总值	《国民经济和社会发展"十三五"规划纲要》
施工废弃物	500t/10⁵m²[15]	建筑垃圾产生量不应大于300t/10⁵m²	2018 年 12 月《建筑工程绿色施工评价标准》（征求意见稿）

权重计算方法如式（2）和式（3）所示。

$$WF_{(i)} = \frac{PP(i)_{基准}}{PP(i)_{目标}} \qquad (2)$$

① 由于 CO_2 的排放量在统计文献中无具体数据，根据文献［14］得到，采用 2012 年的数值。

式中，$WF_{(i)}$ 为指标 i 的目标距离，无量纲；$PP(i)_{基准}$ 为第 i 项指标当前的水平；$PP(i)_{目标}$ 为第 i 项指标的目标值。指标权重 $W_{(i)}$ 由指标目标距离 $WF_{(i)}$ 归一化可得。

$$W_{(i)} = \frac{WF_{(i)}}{\Sigma WF_{(i)}} \qquad (3)$$

目标距离法的主要不足之处在于无法将生态破坏和资源消耗统一起来。本文采用资源耗竭系数（Resource Consumption Indicator）确定材料消耗类指标的权重。因为材料消耗类指标是评价建筑工程节约资源的效果，因此赋权应体现出材料的稀缺程度。资源耗竭系数是反映生产某种建筑材料所消耗的资源能源的紧缺程度，即基于资源的消耗量、可供应量等多方面得到资源紧缺程度。根据龚志起[16]的研究，常用的建筑材料资源耗竭系数如（表 2）所示。

1t 建筑材料资源耗竭系数　表 2

建筑材料	水泥(P.O.42.5)	钢材(中小型钢)	木材	砂子	石子
资源耗竭系数 RCI	0.033	0.60	0.014	0.007	0.008

对建筑材料的资源耗竭系数进行归一化处理得到权重，计算方法如式（4）所示。

$$W_{(i)} = \frac{RCI_i}{\Sigma RCI_i} \qquad (4)$$

式中，$W_{(i)}$ 为指标 i 的权重；RCI_i 为第 i 类资源的资源耗竭系数。

3.4 影响指数的计算

经过标准化和加权后各类指标的效益不仅具备了可比性，还根据其权重可以综合为统一的指数来评价绿色效益。

（1）装配式建造方式的节能减排的效益用节能减排指数表示，即

$$EPI = \Sigma W_{(i)} \times PI_{(i)} \qquad (5)$$

式中，EPI 为节能减排指数，指数得分越低，节能减排效益越好，无量纲；$W_{(i)}$ 为目标距离法确定的权重。

（2）节材效益用材料节约指数表示，即

$$RPI = \Sigma W_{(i)} \times PI_{(i)} \qquad (6)$$

式中，RPI 为节能减排指数，指数得分越低，材料节约效益越好，无量纲；$W_{(i)}$ 为资源耗竭系数确定的权重。

4 案例分析

4.1 项目概况

本研究选择位于深圳某在建的装配整体式住宅，结构连接方式套筒灌浆连接。建设用地面积约 $11200m^2$，总建筑面积约 $64000m^2$。共三栋塔楼，总层数 31～33 层，总建筑高度 98m。该项目采用了预制墙板、预制叠合楼板、叠合梁、预制楼梯、预制阳台板等，底部加强层和上部屋顶层采用现浇方式，在标准层预制率达 50%，装配率达 70%。采用装配整体式剪力墙结构体系，是目前国内应用较为普遍的住宅形式，所得的数据具有较好的代表性。采用"深圳市保障性住房标准化系列化研究课题"标准层户型，标准化程度高，具有一定的示范意义。

4.2 数据收集

本文将对建造过程的核心环节进行数据搜集，包括施工安装过程和预制构件生产环节，

监测内容针对该项目的多个标准层，不涉及土方开挖和基础浇筑。数据收集方法见表3。

基础数据类型和收集方法　　表3

指标类型	数据收集内容	收集方案
钢材	钢筋、预埋件	设计文件、工程量计价清单
	钢模板、钢支撑件	实际投入量和周转次数确定
木材	木模板、木支撑件	实际投入量和周转次数确定
混凝土、砂浆	混凝土、砂浆	设计文件、工程量计价清单
水资源消耗	混凝土工程耗水量	生产水表记录计量和工作量测算相结合
能源消耗	机具耗电量	设备单位工作量的耗电量和工作量确定
	混凝土泵车耗油量	设备单位工作量的耗油量和工作量确定
施工废弃物	废钢材、废混凝土块、废弃砂浆	现场跟踪和垃圾清运日志测量
CO_2 排放	建筑物化过程的碳排放量	材料和能源的投入量和碳排放因子（表4）确定

因为 CO_2 的排放很难直接进行测量，本文采用目前常用的碳排放因子法对建筑工程物化阶段的碳排放进行计算。本文参考国内成熟的数据库和文献[17,18]中现有的研究成果，整理相关碳排放因子如表4所示。碳排放计算方法如式（7）所示。

常用建筑材料与资源碳排放因子　　表4

资源	钢材[17]	混凝土[17]	木材[17]	自来水[17]	电力①	柴油	砂浆[18]
碳排放因子	2.3kg/kg	251kg/m³	146.3kg/m³	0.26kg/m³	0.92kg/(kW·h)	3.57kg/kg	393.65kg/m³

---

① 根据《2014年中国区域电网基准线排放因子》对各区域电力碳排放因子进行平均。

$$Q = \sum_{1}^{n} q_i \times C_i \qquad (7)$$

式中，Q 为碳排放总量；q_i 指第 i 种建材用量；C_i 为生产第 i 种建材生产加工的碳排放因子；n 指所用建材种类总数。

依据表 3 的监测方案对深圳某装配式住宅进行调研，得到案例项目住宅标准层单位建筑面积各类主要材料、资源、能源的消耗量及施工废弃物产生量。住宅建筑业的相关数据则由统计年鉴、建筑业用水定额、机构监测和相关文献梳理可得，结果见表 5。数据的合理性通过访谈从业人员来进行校核。

案例装配式住宅项目与行业平均水平对比

表 5

指标类型	装配式住宅项目	住宅建筑行业平均水平
混凝土（m³/m²）	0.41	0.39[①]
钢材（kg/m²）	57.09	55[19]
木材（m³/m²）	0.014	0.03
砂浆（m³/m²）	0.03	0.067
水（m³/m²）	0.62	1.1[②]
耗电量（kW·h/m²）	7.36	10.21[21]
耗油量（MJ/m²）	7.99	17.61
能源消耗[③]（kgce/m²）	1.177	1.856
CO_2 排放（kgCO₂eq/m²）	255.66	266.22
施工废弃物（kg/m²）	7.35	14.89

4.3 权重计算

根据表 1 和权重计算公式（2）、式（3）可得节能减排类指标的权重；因为施工活动中常用的混凝土和砂浆分别为 C30 混凝土和 1∶3 水泥砂浆，本文根据表 2 和混凝土配合比[④]，计算 C30 混凝土和 1∶3 水泥砂浆的资源耗竭系数，并根据式（2），计算得材料消耗类指标权重。计算结果如表 6 所示。

指标权重计算结果　　表 6

指标类型		目标距离 WF	权重
节能减排	水资源消耗	1.30	0.24
	能源消耗	1.18	0.22
	CO_2 排放	1.22	0.23
	施工废弃物	1.50	0.31

指标类型		资源耗竭系数 RCI	权重
材料节约	混凝土（C30）	0.012	0.02
	钢材	0.60	0.93
	木材	0.018	0.03
	砂浆（1∶3）	0.011	0.02

4.4 效益对比分析

根据绩效指数 PI 的计算公式（1）和影响指数计算公式（5）、式（6），计算可得装配式住宅案例项目的绿色效益评价结果，如表 7 所示。

装配式住宅案例项目绿色效益评价结果 表 7

指标类型		绩效指数 PI	权重	指标加权效益	影响指数 EPI/RPI
节能减排	水资源消耗	0.56	0.24	0.134	0.646
	能源消耗	0.63	0.22	0.139	
	CO_2 排放	0.96	0.23	0.221	
	施工废弃物	0.49	0.31	0.152	
材料消耗	混凝土	1.05	0.02	0.021	1.012
	钢材	1.04	0.93	0.967	
	木材	0.47	0.03	0.014	
	砂浆	0.48	0.02	0.01	

---

① 对文献［1～3，9，20］进行梳理得住宅建筑业每平方米混凝土、木材、砂浆、柴油用量和施工废弃物排放量。

② 根据各省建筑施工用水定额进行平均。

③ 能源消耗量由耗电量和耗油量折算。

④ C30 混凝土配合比：水∶水泥∶砂∶石子为 175kg∶461kg∶512kg∶1252kg。

（1）节能减排效益对比分析

节能减排指数 EPI 为 0.646，说明节能减排效果较行业平均水平提高了 35.4%。根据表 7 可知，水资源消耗、能源消耗、CO_2 排放和施工废弃物的加权效益为 0.134、0.139、0.221 和 0.152。根据绩效指数的定义，行业平均水平的绩效指数为 1，因此住宅建筑业平均水平在水资源消耗、能源消耗、CO_2 排放和施工废弃物产生的加权效益为 0.24、0.22、0.23 和 0.31，结果见图 3。装配式住宅项目在节能、节水和减少废弃物的效益比行业平均水平分别提升 37%、44% 和 51%，说明项目

的节水、节能和减少废弃物的效益相对较高。这是因为预制构件垂直运输主要消耗电能，燃油较少，而且装配式施工集中吊装预制构件，而传统现浇施工需要多次吊装建筑材料，减少了用电量。现场钢筋加工和木模板加工作业少，也节省了用电。预制构件在工厂加工完成，混凝土和钢筋损耗率较传统现浇构件低，且装配式建造现场抹灰量少，故施工废弃物产生量较少。在"十三五"期间，推广装配式建筑对实现节能、节水和减少建筑垃圾的政策目标贡献较大。

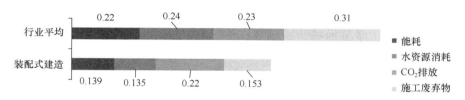

图 3 装配式住宅和住宅建筑行业平均节能减排效益

（2）材料节约效益对比分析

材料节约指数 RPI 为 1.012，略高于 1，说明该装配式建筑项目的节材效益较住宅建筑业平均水平而言并没有明显提高。根据表 7，装配式住宅混凝土、钢材、木材、砂浆的加权效益分别 0.021、0.967、0.014 和 0.01，行业平均水平的绩效指数为 1，加权后各指标效益为 0.02、0.93、0.03 和 0.02。各种材料的加权效益如图 4 所示，钢材的加权效益为 0.967，占节约指数 RPI 的 95%，说明钢材消耗对于节材指数的影响非常大。装配式项目的钢材使用量较行业平均水平高，导致了装配式

住宅的材料节约效果比行业平均水平差，尽管木材和砂浆的效益较行业平均水平提高了 50% 以上，但这两种材料的加权效益对材料节约指数影响程度较低。这是因为装配式住宅项目采用了叠合楼板，增加了桁架钢筋使用量，套筒灌浆连接方式导致了钢套管使用量增多，预制构件生产需要大量的预埋件和钢模板也导致了用钢量的上升。因此，在构件生产过程中，可以考虑使用碳排放系数较少的材料作为预埋件来减少钢预埋件的用量。考虑采用循环次数更高的铝模板替代钢模板，从而减少钢材用量。

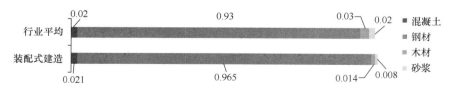

图 4 装配式住宅和住宅建筑行业平均节材效益

5 结论

本文分别从材料节约和节能减排两个方面综合、定量地评价装配式建造方式的绿色效益，评价节能减排效益时运用了"政策目标距离"的加权方法，评价节材效益时用资源耗竭系数来确定指标权重。最后通过深圳地区一个典型的装配式住宅建造项目案例，计算得出装配式住宅节能减排指数为 0.646，较行业平均水平提高了 35.4%，特别在节水、节能和减少建筑垃圾方面效益明显。但材料节约指数为 1.012，与行业平均水平持平。其中钢材的加权效益对材料节约指数的影响程度达 95%，说明提高钢材的利用率，减少钢材的使用量，对提高装配式建造方式的材料节约效益具有重要意义。推广装配式建筑有助于实现节能减排的政策目标，但应优化钢材的使用，以进一步提升其材料节约效益。

参考文献

[1] 王广明，刘美霞. 装配式混凝土建筑综合效益实证分析研究[J]. 建筑结构，2017(10)：32-38.

[2] 刘洪娥，彭雄，刘美霞，等. 预制装配与现浇模式住宅建造节能减排评测比较[J]. 工程建设与设计，2016(4)：17-20.

[3] 刘美霞，武振，王洁凝，等. 住宅产业化装配式建造方式节能效益与碳排放评价[J]. 建筑结构，2015(12).

[4] Yee Alfred A. Social and Environmental Benefits of Precast Concrete Technology [J]. PCI JOURNAL，V. 46，No. 3，May-June 2001：14-19.

[5] Jaillon L，Poon C S，Chiang Y H. Quantifying the Waste Reduction Potential of Using Prefabrication in Building Construction in Hong Kong[J]. Waste Management，2009，29(1)：309-320.

[6] 肖汉雄，杨丹辉. 基于产品生命周期的环境影响评价方法及应用[J]. 城市与环境研究，2018

(01)：88-105.

[7] Wenzel H，Hauschild M，Alting L，et al. Environmental Assessment of Products Volume 1：Methodology，Tools，and Case Studies in Product[J]. International Journal of Life Cycle Assessment，1999，4(1)：6-6.

[8] 杨建新，王如松，刘晶茹. 中国产品生命周期影响评价方法研究[J]. 环境科学学报，2001(02)：234-237.

[9] 曹新颖，李忠富，李小冬. 基于目标距离法的工业化住宅环境影响评价[J]. 安全与环境学报，2015，15(02)：331-337.

[10] Li X，Shu S，Shi J，et al. An Environmental Impact Assessment Framework and Index System for the Pre-use Phase of Buildings Based on Distance-to-target Approach[J]. Building & Environment，2015，85：173-181.

[11] 李丽. 基于建设阶段的产业化住宅技术体系节能减排效益分析[D]. 重庆大学，2015.

[12] Lin M，Zhang S，Chen Y. Distance-to-Target Weighting in Life Cycle Impact Assessment Based on Chinese Environmental Policy for the Period 1995-2005 (6 pp)[J]. International Journal of Life Cycle Assessment，2005，10(6)：393-398.

[13] 中国统计年鉴 2015[M]. 中国统计出版社，2015.

[14] 林立身，江亿，燕达，等. 我国建筑业广义建造能耗及 CO_2 排放分析[J]. 中国能源，2015，37(03)：5-10.

[15] 唐沛，杨平. 中国建筑垃圾处理产业化分析[J]. 江苏建筑，2007(03)：57-60.

[16] 丁锐，龚志起，陈柏昆. 基于建筑材料物化环境影响的建筑结构形式选择[J]. 环境工程，2008，26(S1)：332-333+338.

[17] 高源雪. 建筑产品物化阶段碳足迹评价方法与实证研究[D]. 清华大学，2012.

[18] 崔鹏. 建筑物生命周期碳排放因子库构建及应用研究[D]. 东南大学，2015.

[19] 纪颖波，王松. 工业化住宅与传统住宅节能比较分析[J]. 城市问题，2010(04)：11-15.

[20] 王有为. 中国绿色施工解析[J]. 施工技术，2008(06)：1-6.

[21] 王善龙. 绿色施工节水节电指标及控制措施研究[D]. 西安建筑科技大学，2016.

S 建筑公司项目管理专业人才评价研究

钟　欢[1]　黄建陵[2]

（1. 湖南四建安装建筑有限公司，长沙　410000；2. 中南大学，长沙　410000）

【摘　要】项目管理专业人才是建筑施工企业的中坚力量，建筑施工企业所拥有的高素质的项目管理专业人才是企业核心竞争力不可或缺的一部分。因此如何评价项目管理专业人才，建立科学合理的人才评价模型，并重视对评价结果的应用对建筑施工企业至关重要。本文以 S 建筑公司项目管理专业人才为研究对象，建立了 S 建筑公司项目管理专业人才评价模型。

【关键词】人才评价；因子分析法；模糊综合评价

Research on Project Management Talent Evaluation of S Construction Company

Huan Zhong[1]　Jianling Huang[2]

(1. Hunan Sijian，Changsha　410000；

2. Central South University，Changsha　410000)

【Abstract】 The project management professionals are the backbone of the construction enterprises. The high-quality project management professionals possessed by the construction companies are an indispensable part of the core competitiveness of the company. Therefore，how to evaluate project management professionals，establish a scientific and rational talent evaluation model，and attach importance to the application of evaluation results is of vital importance to construction companies. This paper takes S construction company project management professionals as the research object，establishes the S construction company project management professional talent evaluation model.

【Keywords】 Talent Evaluation；Factor Analysis Method；Fuzzy Comprehensive Evaluation

1　前言

近年来，我国的经济实力和各项综合实力不断提升，随着新型城镇化的试点和推进，涌现了大规模的建设项目，目前我国已成为世界最大的建筑市场，建筑规模约占世界的45%。我国建筑业企业数量之多，也从另一方面体现了建筑业的竞争激烈，而人力资源的竞争，尤其是人才质量和数量的竞争也是日趋白热化，建筑业人才的流失率非常高，建筑企业想要长远的发展，必须不断地提升自身的竞争力，对自身的资源进行优化升级，才能从竞争激烈的市场中突涌而出，而人力资源是企业资源中不会折旧，而且可以一直增值的核心资源。建筑企业普遍重视技术人才，轻视管理人才，而我国缺失对项目管理专业人才评价，在此形势下，优化建筑企业项目管理专业人才评价机制，为企业选拔人才，合理配置和开发人力资源，将大力提升企业人力资源管理水平，增强建筑企业的竞争力。

2　S建筑公司项目管理专业人才评价现状及存在的问题

本论文研究的项目管理专业人才是指接受过系统专业的教育和培训，熟悉经济、法律、项目管理相关知识，能够熟练掌握项目现场专业知识，并将其运用到现场实际中转化为经济效益的复合型管理人才，并具有建筑类相关职称和证件，在工程项目现场直接从事全面项目管理的项目核心骨干人才，包括项目经理、项目副经理等。S建筑公司选用工作作风、廉洁从业、工作才能及工作绩效作为关键评估标准。考核等次分为优秀、称职、基本称职、不称职四个等级。共有自我考核、下级考核、横向考核、上级考核4种考核形式。

S建筑公司项目管理专业人才评价存在如下问题：

（1）企业对人才评价不够重视

建筑公司对人才评价的主动性不高、重视程度不足，尤其是领导层对人才评价的不重视，另外加之员工的参与度不足，对公司项目管理专业人才评价任务的落后造成重大影响，极易致使项目管理专业人才的价值体现受限制，影响其实现能力和才干的积极性、主动性和创造性。

（2）人才评价指标设置不合理

建筑公司的人才评价指标在设计时存在主观随意性，指标的选择不客观，未经过层层筛选，仅凭领导主观判断选择。建筑公司进行考核时，设置人才评价的管理体系时也不是从人的充分利用的角度出发的，项目管理专业人才与其他公司员工都是一样的评价量表，没有专门针对项目管理人才进行单独设置，这导致了无法真实反映出项目管理专业人才的能力和素质。

（3）人才评价结果应用不全面

人才的评价与人才的培养开发、使用、激励等环节没有形成有效联动效应，不能发挥人才评价工作的最大作用。建筑公司人才评价过程中最羸弱的一环即是人才评估成果予以对职工反馈的环节。

（4）评价的过程流于形式化

建筑公司的人才评价大部分都只走走形式，没有真正落到实处。原因在于即使严格制订和健全人才评价制度及人才评估计划，然而日常中职员并未对过多关注人才评价，临近年关准备发放年终奖金时暂时实行评价，但基本均限于表面功夫，人才评价未具有丝毫实质含义与效用，实行的人才评价不外乎是公司高层制定的形式工程而已。

3 S建筑公司项目管理专业人才评价模型的建立

3.1 S建筑公司项目管理专业人才评价指标的建立

本文通过从S建筑公司层面及项目层面的项目管理专业人才的工作性质、S建筑公司对项目管理专业人才的要求、项目管理专业人才的任职资格要求等三个方面进行分析，并对国内外类似的项目管理人才评价模型研究，对不同的模型进行筛选、整理、分析，统计出频次较多的评价指标。最终筛选出30项项目管理人才评价初始指标，并制作了调查问卷进行实际调查。

在回收的410份调查问卷中，有效调查问卷份数403份，被调查者中从事施工项目现场管理5年以上人数占总样本的82%以上，其中从事施工项目现场管理10～15年的人数约占23%，从事施工项目现场管理15以上年的人数约占22%，因此，被调查者从事施工项目现场管理年限越长，对施工项目现场高级管理者的能力要求有着更准确的判断，从而保证了问卷调查的真实有效性。并进行了调查问卷的信度和效度分析。

本文选用Cronbach α系数进行信度分析，本文选用SPSS软件得出的α系数为0.872，说明了本次研究数据的信度质量非常高。并进行KMO测试和Bartlet球测试用于分析上述样本数据的有效性。KMO值为0.753，Bartett球体检验结果小于0.001，表明数据非常好，接下来可以使用该调查数据进行因子分析。

本文选用SPSS软件来做因子分析，运用的是主成分分析法，提取特征值大于1的成分因子，并利用最大方差法进行因子旋转，来对指标的分类进行检验。通过主成分分析法的处理，提取了特征值大于1的五个指标，五个指标的方差贡献率为72.612。另外，根据5个成分因子、23个指标的分类情况为：第一成分因子中领导能力、自我控制能力、创新能力、成就导向、管理培训能力、判断决策能力六个指标都是人的行为有关的能力，把它定义为行为能力；第二成分因子中成本及进度管理、质量管理、HSE管理、项目管理经验、合作方满意度五个指标都是与个人业绩相关的，把它定义为业绩与贡献；第三成分因子中自信心、责任心、廉洁自律、团结合作、服务意识五个指标，把它定义为基本素质；第四成分因子中冲突处理能力、协调沟通能力、组织规划能力、学习能力四个指标，把它定义为基本能力；第五成分因子中学历水平、项目管理知识、专业理论知识三个指标都是与个人的知识相关的能力，把它定义为知识能力。通过以上对调查数据进行探索性因子分析，得出5个主成分因子，及主成分因子中包括的指标项。现就上文中分析结果对指标进行整理，设立由基本素质、知识能力、行为能力、基本能力、业绩与贡献5个一级指标、23个二级指标构成的项目管理专业人才评价指标体系。

3.2 S建筑公司项目管理专业人才评价指标权重的确定

根据层次分析法，制作人才评价指标权重确定调查表，对30名项目管理专业人员进行调查并打分，然后通过问卷结果分别确定各层次的判断矩阵。根据上文叙述，并计算出指标层相对于目标层A权重总排序的结果如表1所示。

指标层权重总排序　　　　　　　　　　　　　　　　　　　表1

C　　　　　　　　B	基本素质 B_1 0.088	知识能力 B_2 0.157	行为能力 B_3 0.340	基本能力 B_4 0.157	业绩与贡献 B_3 0.258
自信心 C_{11}	0.1632				
责任心 C_{12}	0.2542				
团结协作 C_{13}	0.1992				
廉洁从业 C_{14}	0.1511				
服务意识 C_{15}	0.2323				
项目管理知识 C_{21}		0.3874			
专业理论知识 C_{22}		0.4434			
学历水平 C_{23}		0.1692			
领导能力 C_{31}			0.2633		
自我控制能力 C_{32}			0.1096		
创新能力 C_{33}			0.1150		
成就导向 C_{34}			0.2192		
管理培训能力 C_{35}			0.0976		
判断决策能力 C_{36}			0.1953		
冲突处理能力 C_{41}				0.3369	
协调沟通能力 C_{42}				0.1416	
组织规划能力 C_{43}				0.2382	
学习能力 C_{44}				0.2833	
成本及进度管理 C_{51}					0.1555
质量管理 C_{52}					0.2582
HSE 管理 C_{53}					0.2285
项目管理专业经验 C_{54}					0.1555
合作方满意度 C_{55}					0.2023

3.3　基于模糊综合评价的 S 建筑公司人才评价模型构建

本文选择 S 建筑公司长株潭地区的在建项目的项目经理和项目副经理作为评价对象。分别选择人力资源部部长、工程技术部部长、安全生产部部长，5 名项目部关键岗位管理人员，2 名项目合作方人员，合计 10 人对项目管理专业人才进行评价。在评价之前，人力资源部对公司全体参与评价的人员进行了评价前视频培训，也单独对项目合作方进行了详细的讲解，力求评价人员对指标的含义、评价标准

及评定方法非常地清楚明了。项目管理人才评价工作小组前往各个项目为所有评价人员发放评价表格，在评价结束后当场将评价表格进行统一收集。选用评价模型，选取一名项目管理人才 X_1 的数据为例进行分析。构建步骤如下：

（1）对所要评价的对象进行范围的划分

根据前文已经建立好的评价要素指标体系，主要从基本素质、知识能力、行为能力、基本能力、业绩与贡献五个方面进行评价。

评价要素集合为：$U = \{u_1，u_2，u_3，u_4，u_5\}$

其中，各单要素子集 u_i（$i=1$，2，3）分别为：

$U_1 = \{u_{11}, u_{12}, u_{13}, u_{14}, u_{15}\}$；

$U_2 = \{u_{21}, u_{22}, u_{23}\}$；

$U_3 = \{u_{31}, u_{32}, u_{33}, u_{34}, u_{35}, u_{36}\}$；

$U_4 = \{u_{41}, u_{42}, u_{43}, u_{44}\}$；

$U_5 = \{u_{51}, u_{52}, u_{53}, u_{54}, u_{55}\}$

（2）明确所要给定的评语等级的划分范围

根据评价决策的实际需要，将评判等级标准划分为"优秀""良好""一般""较差"四个等级。即评语集合为：$V = \{v_1, v_2, v_3, v_4\} = \{$优秀，良好，一般，较差$\}$

（3）人才评价关系矩阵的建立

评定小组根据已经制定好的评价标准，按照具体数值对这些对象进行依次的评价，按照规定指标来打分，如对 U 中的 m 个评判因素子集 U_i（$i=1$，2，$\cdots$，m），进行综合评判，其评判决策矩阵为：

$$R = \begin{bmatrix} R_1 \\ R_2 \\ \vdots \\ R_m \end{bmatrix} = \begin{bmatrix} r_{11} & r_{12} & \cdots & r_{1n} \\ r_{21} & r_{22} & \cdots & r_{2n} \\ \vdots & \vdots & \ddots & \vdots \\ r_{m1} & r_{m2} & \cdots & r_{mn} \end{bmatrix}$$

对于每一个子集 U_i 中的 n_k 个评判因素，按单层次模糊综合评判模型进行评判，如果其中的诸因数的权数分配为 A_i，其评判决策矩阵为 R_i，则得到第 i 个子集 U_i 的综合评判结果：$B_i = A_i \times R_i = [b_{i1}, b_{i2}, \cdots, b_{in}]$

（4）最终求项目管理专业人才 X_1 的整体模糊综合评价：

$$R_1 = \begin{bmatrix} B_1 \\ B_2 \\ B_3 \\ B_4 \\ B_5 \end{bmatrix} = \begin{bmatrix} 0.207 & 0.5537 & 0.2393 & 0 \\ 0 & 0.5064 & 0.4936 & 0 \\ 0.0568 & 0.6320 & 0.3015 & 0.0098 \\ 0.0998 & 0.6946 & 0.2056 & 0 \\ 0.1083 & 0.6176 & 0.2741 & 0 \end{bmatrix}$$

$A = [a_1, a_2, a_3, a_4, a_5] = [0.088, 0.157, 0.340, 0.157, 0.258]$

$B = A \times R = (0.088 \ 0.157 \ 0.340 \ 0.157 \ 0.258)$

$$\times \begin{bmatrix} 0.207 & 0.5537 & 0.2393 & 0 \\ 0 & 0.5064 & 0.4936 & 0 \\ 0.0568 & 0.6320 & 0.3015 & 0.0098 \\ 0.0998 & 0.6946 & 0.2056 & 0 \\ 0.1083 & 0.6176 & 0.2741 & 0 \end{bmatrix}$$

$= (0.0811 \ 0.6115 \ 0.3041 \ 0.0033)$

从上面的数值分析中，可以很清晰地看到：8.11％的人认为项目管理专业人才 X_1 是"优秀"的，61.15％的人认为项目管理专业人才 X_1 是"良好"，30.41％的人认为项目管理专业人才 X_1 "一般"，0.33％的人认为项目管理专业人才 X_1 "较差"。然后根据最大隶属度原则，由于本例中最大隶属度为 0.6115，因此，项目管理专业人才 X_1 的评价等级为"良好"。在项目管理人才 X_1 的数据综合评价结果为良好，但从以上结果可以看出其知识能力的评价中，有 30.41％的人认为一般，需要有进一步的提高，人力资源部对其进行评价反馈时可以跟其进行进一步的沟通，对其安排一些项目管理及专业理论方面的培训，以期他在将来的工作过程中有进一步的提升。

4 S 建筑公司项目管理专业人才建设的保障措施

4.1 企业内部环境建设

企业为了自身的可持续发展，保证人才的有效利用，发挥人才的积极作用，从而重视专业人才评价模型，加强人才管理。要从领导到底层员工都要重视人才评价，在企业营造出人才评价的重要地位，营造对项目管理专业人才重视的氛围，创造一个自由、积极向上的企业环境。另外要加大宣传表彰力度，每年对优秀的项目管理专业人才进行表彰和奖励，在企业范围内形成尊重项目管理专业人才的氛围，对项目人才的各类选拔、晋升、学习深造、选优评优等优先考虑推荐，在实现企业价值的同时，实现自我价值，得到经济、荣誉、地位上的尊重。

4.2 加强公司层面的重视

公司的领导层对项目管理专业人才评价重视程度直接影响到其能否真正执行下去。企业领导管理层对人才评价要有认知高度，人力资源部要对人才评价的功能及特点向领导做一个全面的介绍，人才评价对企业发展的重要性做出最合理的评估，从而开始由上至下的贯彻执行。

4.3 成立专门工作小组

S建筑公司应成立专门的评价小组，专门负责项目管理人才评价工作，包括前期的组织准备工作，实施过程的沟通协调、人员安排、评价量表的发放、评价数据的收集与结果综合评价及反馈，评价结束后对评价结果应用的监督。并将评价工作形成管理文件，建立相应的文件档案，以便对项目管理人才进行科学的评价。另外人才评价工作是一个动态的过程，需要及时进行更新和改进，需要评价小组进行持续的跟踪与改进。

5 结语

本文通过对S建筑公司项目管理专业人才

评价存在的问题，及S建筑公司对项目管理专业人才的要求进行分析，结合以往文献进行整理，运用因子分析法、层次分析法、模糊综合评价法，建立了S建筑公司项目管理专业人才评价模型。最后通过实例证明，该评价模型能很好地反映实际情况，并能反映项目管理人才存在的不足，并对后续人才培养，人才建设提供了依据，具有一定的推广应用价值。

参考文献：

[1] 尹蔚民. 全面深化职称制度改革 充分发挥人才评价指挥棒作用[N]. 中国组织人事. 20170519 (001).

[2] 张魏敏. JSY公司项目经理胜任力模型构建及应用研究[D]. 首都经济贸易大学，2017.

[3] 梁建灵. S公司项目经理绩效指标优化与实施效果评价研究[D]. 山东大学，2018.

[4] 路燕娜. 基于AHP-云模型的建筑施工企业项目经理绩效评价[D]. 河北工程大学，2015.

[5] 许树柏. 实用决策方法——层次分析法原理[M]. 天津：天津大学出版社，1988：2.

[6] 汪应洛. 系统工程[M]. 北京：机械工业出版社，2008：6.

[7] 章熙海. 模糊综合评判在网络安全评价中的应用研究[D]. 南京理工大学，2006.

香港建筑行业发展建筑信息模拟（BIM）人才的困难与挑战

陈乐敏　梁晋康　邹宝思　王　南

［中国港湾工程有限责任公司（香港代表：振华工程有限公司）］

【摘　要】　近年来，BIM 技术的应用在全球的建筑行业愈来愈重要，本文将会简述现时香港建筑企业发展 BIM 人才的困难与挑战，及香港地方政府如何协助企业由传统劳力市场转化为数字化资讯时代以迎合现时粤港澳大湾区内的众多机遇。

【关键词】　建筑信息模拟；数字化；粤港澳大湾区；人力资源

The difficulties and challenges of Hong Kong Construction Industries in acquiring BIM talents

Chan Lok Man　Leung Tsun Hong　Chau Po Sze　Nan Wang

［China Harbour Engineering Co Ltd（Hong Kong Representative：Zhen Hua Engineering Co Ltd）］

【Abstract】　In recent years，BIM technology has became more and more important in the global construction industry. This article will briefly describe the difficulties and challenges of Hong Kong companies acquiring BIM talents，and how the Hong Kong government can help companies transform from the traditional labor market to the digital information era to cater the opportunities in the Greater Bay area.

【Keywords】　Building Information Modelling；Digitization；Greater Bay Area；Human Resources

1　前言

我国建筑企业在"一带一路"和粤港澳大湾区的诸多发展机遇下，也将面对新市场形势下的诸多困难挑战，除了资金、技术的传统资源外，全球一体化的经济环境下的人力资源显得更为重要，是企业的竞争资本。而现时高速资讯发展下，建筑信息模拟（Building Information Modelling，BIM）是时代的趋势，以三维（3D）形式整合工程设计、施工等阶段的数据，有效降低成本，方便企业规划和管理。

自2018年起，香港发展局联同建造业议会带领行业推行"建造业2.0"，并以公营项目先行先试，在工程合约要求加入创新、专业化及年轻化3大元素。例如规定采用工地管理数字化、建筑信息模拟技术（BIM）以加强建造施工安全监管、进度管控和质量保证等。2018年起，香港地方政府规定3000万元以上的工务工程项目，必须采用BIM技术，建造业专业人士可在虚拟环境中进行设计和建造工作，大幅降低施工上的人为错误，大大提高建造安全、效益和质量。工程界逐渐将BIM应用在概念设计和规划阶段，预先用电脑软件画出成品的3D效果，可见BIM是全过程工程管理是不可缺少的技术，而懂得运用BIM的人才也在香港供不应求。

2　香港建筑行业应用BIM技术在人才需求与培养方面的困难

2.1　建筑界缺乏本地BIM人才

人力资源是企业发展的重要源泉之一，也是企业竞争中非常重要的砝码。中国香港得以成为国际城市，行业中大批国际化的、训练有素的高级管理专业人员是经济和建筑企业发展

的基本要素。一直以来，香港地区主要通过高等院校考核、在职进修与工作实践来培训人才。在香港，各行业招聘困难已经显示出人力资源并非取之不尽。建造业在人才短缺及人口老化问题的背景下，加上面对数码转型的新挑战，人手需求更加严峻。香港建筑企业的BIM工作主要为外包形式，主要建模工作由专业顾问公司完成以满足合约要求。这种形式有机会造成企业过分依赖顾问公司，自主开发发展能力较滞后，更会阻碍培养可持续发展的人才。由此可见，缺乏BIM技术人才是大多数企业共同面临的问题。

虽然香港地方政府针对现有的管理人员，推出了一系列BIM专业资格认证课程，以舒缓BIM专业人员需求激增的情况。但是未来的发展仅靠现有的专业人士是不够的，必须不断扩大本土的人才库。香港拥有巨大的人力资源，关键是我们怎样培养。尽管现时香港每年都会培养出不少建造业的毕业生，但其中BIM技术人才的培养远远不能满足行业发展的需要。在大部分大专院校建筑学及相关专业学科的课程设计中，有关BIM技术的教学，一般穿插在教学内容里，或是设置选修课；教学评估中也并未将相关课程设置纳入相关评估指标体系当中，反映教学不成体系。这就造成了工程系毕业生没有充分掌握BIM技术系统的基本应用，大大降低他们的从业能力和就业竞争力。企业在引进人才后，毕业生必须进行二次培训。因此，学校在教育理念上对BIM人才培养方面的改革创新是行业重要的支撑。学校搭建完善的BIM技术教学平台，增加教学课程编排及加强资源配套是极具现实意义与价值的。

要推动BIM技术的应用，人力资源是不容忽视的因素。负责人才培养的教育和培训事业面临着很大的挑战。为保持竞争力，香港应

当及早改善自身人才队伍结构的失衡状态，应当培养更多年轻学生为 BIM 技术的新型工程专业优秀人才，使香港的企业得以应用最新的技术、知识、人才经验来壮大自己。

2.2 企业缺乏明确发展方向来迎合数字化的步伐

BIM 技术是一个持续发展且同时带来产业改变的新技术，必须不断地透过对新观念、新资讯、与新案例经验的认识与思考来学习，还有配合实务应用经验来相辅相成。然而当前香港运用 BIM 技术辅助项目管理方面还处于初始推广应用阶段。在很多香港建筑企业中，BIM 系统的运用从个人层面到项目层面，乃至公司层面，还没有一个完整的体系。若公司只是一味地不断推动 BIM 技术的应用与发展，引进最新的科技设备在工程项目上，而忽略了最基本的员工培训，那么再好的计划方案都是纸上谈兵罢了。鉴于现时对 BIM 技术人才的需求，企业不得不重整公司部门架构，先整合现有 BIM 的人力资源，再进一步统筹各部门推行 BIM 的发展。事实上，技术和培训不是最难解决的问题，而是要目前企业的各级管理人员切实转变观念，能够真正主动去接受和学习 BIM 这项高端技术，并愿意主动投放资源，将 BIM 技术应用到项目管理、企业管理中去。因此，公司需要周全的人力资源管理计划，搭建 BIM 人才培养平台，以保证公司的长期可持续健康发展。

BIM 人才培养的门槛并不低。BIM 应用是一个工作流程，贯穿了工程项目的全生命周期，是从业主、承建商、管理层，到施工单位之间合作的过程。所以，BIM 的人才培养体系在设立的时候必须综合各方面的因素。高级管理阶层需要了解相关概念，从而能够与产业链中其他利益相关者进行会谈；普通管理人员

需要了解 BIM 相关服务所产生的直接影响；技术人员要提供或接收相关资料并能够恰当地处理这些资料。由于企业 BIM 竞争力的提升需要企业内部集体的学习能力，需要整合公司各部门的经验及人才，才能组成一个完整的 BIM 专业团队。从制定其基本架构发展、研发目标和工作计划等的过程之复杂，往往令很多中小企业无所适从。虽然香港政府为业界担起领导及示范作用，率先支持工地管理数字化，但却忽略企业内部资源能否配合的先决条件。业界对于 BIM 技术应用的统一标准仍然存在不稳定性，在人力训练、教材、参考档、成功案例等资源的缺乏下，导致企业难以订立明确的发展目标及方向。

2.3 企业面临的困难和压力

面对新兴发展起来的 BIM，公司不仅需要解决人才短缺问题、开展公司数据化进程，还需要考虑实行 BIM 所带来的巨大的资金压力。

采用 BIM 技术，需要高额的前期投资。业内人士指出，为一台电脑装上 BIM 简易版软件，约需花费五万元，完整版则超过十万元。企业为了顺利完成工程项目，往往需选择完整版，"软件要逐个功能计钱，买入成本颇高"。一般进行工程，需为两三台电脑安装软件，方便工作人员互相合作，故软件开支需要二三十万元。购入软件的成本，更不是一笔过，而是要按年计费，再加上维修等硬软件成本及操作 BIM 人才培训，中小微企实在难以负担。

使用 BIM 技术，除了必需的软件和技术支持，还需要相关的专业人才进行使用和管理。而作为新兴发展起来的 BIM 技术，在如今的教育系统中，缺乏真正系统的专业课程来教习 BIM 技术的相关知识，以及将 BIM 投入

应用的实践要点。专业人才的稀缺，使得聘用该方面的专业人才不仅难得，并且相当昂贵。这无疑又给企业运用 BIM 技术增加了很大一部分的资金压力。

此外，现今 BIM 经验的缺乏，使得应用 BIM 需要大量的试验过程。而这个"Trial and Error"过程同样需要时间和资金的支持。不同的项目可能需要建立不同的 BIM 模型，多次的试验过程无疑会加重企业的资金负担。

3　政府的相应支援措施

应对如今世界范围内 BIM 发展的巨大潮流，香港政府也在各方面对 BIM 技术的发展和应用做出支援举措或相应的计划，其中包括设立基金提供资金援助、开设各种专业训练课程提供技术支持、制定 BIM 技术标准提供法律依据、开设"BIM 创新及发展中心"供业界使用等。

2018 年初，政府公布以 10 亿元设立建造业创新及科技基金，推动业界采用创新工程技术，以推动本地建造业转型，提升本地建造业素质。咨询业界后，于 2018 年 10 月 2 日发展局与建造业议会达成协议，由议会作为执行机构，正式提出申请。建造业创新及科技基金主要在科技应用及人才培育两方面向业界提供协助，如申请者可申请最多二十万元，培育员工使用 BIM。而在应用方面，基金亦会以配对资助形式给予申请者最多七成的资助，而如果使用本地开发的技术，上限更可增至七成半。

在技术支持方面，香港建造议会成立了香港建造学院配合职业专才教育的发展。香港建造学院根据 BIM 技术在实际操作中的需要，开设了不同类型的兼读课程，包括 Microstation 基本/高级应用及绘图课程、AutoCAD 高级应用及绘图课程、AutoCAD 电脑辅助绘图课程、AutoCAD 基本电脑辅助绘图课程、

AutoCAD 三维空间应用及绘图课程。此类兼读课程为应用 BIM 的建筑业人才提供平台以根据各自需要着重培养某一方面能力，使得知识与应用能够有机结合，有利于促进 BIM 人才的培养和拓宽其进修发展的空间。

此外，建造业议会也在其设计的各项课程中，分别加入不同程度的 BIM 知识训练内容，包括基础课程（于建造业监工/技术员课程内加入 BIM 基础训练）、专业证书课程（有机结合建造训练基础课程与 BIM 建模）、持续进修课程（BIM 项目管理课程），让更多学生了解这门技术，在业界播下 BIM 的种子，为未来带来改变。

有关 BIM 实行标准，2018 年 2 月 28 日的政府财政预算案演词中提出，建造业议会将制定建筑信息模拟技术标准，支援业界装备，并鼓励私人工程项目采用此技术。这个举措将为应用 BIM 提供一定程度上的法律支持，也在一定程度上缓解了实行 BIM 的阻碍之一——标准与规则的不明确——所带来的困难。

设备方面，政府亦作出了相关的支持。建造业议会设立的 BIM 创新及发展中心，提供目前全香港最先进的电脑工作站及 BIM 数据与图表管理软件，为众多业界前线及专业管理人员，提供一站式培训。

此外，政府也通过积极将建筑信息模拟（BIM）技术应用于各大工程试点项目这一举措，为香港建造业应用 BIM 技术起到领头羊的作用，鼓励香港建造业业界跟随。渠务署的"石湖墟污水处理厂扩建前期工程项目"于 2017 年获得业界设计大奖，以表扬团队在建筑设计技术上应用崭新科技 BIM 的成果。此类奖项颁发，亦能够为 BIM 技术在香港的推广应用发挥一定的鼓励效应。参考内地情况，华中科技大学数字建造与安全工程技术研究中心荣获了 2017 年度香港建造业议会两年举办

一次的创新奖国际大奖。获奖项目主要针对地铁及地下工程等复杂工程环境中工程起重与吊装安全问题，将 BIM 技术应用与工程物联网技术相结合，系统对复杂环境下吊装作业安全状态即时感知、视觉化分析与主动控制。由此可见，内地 BIM 的应用技术亦已经非常成熟，如内地和香港的人员能够与大湾区一同交流发展，将会获益良多，并加速 BIM 行业的发展。

4　解决困难的建议

数据统一取代传统行业向前的最大瓶颈之一，就是本地多个建筑专项缺乏 BIM 专才及企业资金不足，令应用普及度不足。虽然 BIM 现时在香港未算是大行其道，从内地和海外实践的经验来看，预期 BIM 未来能带来的好处多不胜数。其实，相对于海外及内地，香港的 BIM 技术发展较缓慢，主要是人才及资源不足的问题。

市场上欠缺 BIM 专业人才及培训不足，是阻碍业界推行 BIM 技术的重要因素。由此可见，培育 BIM 专业人才是支援业界的重要一环。回望香港，政府宣布去年起三千万港元以上的政府主要基本工程项目，其设计和建造须采用 BIM 技术。香港未来五年的整体工程建造量将维持每年二千五百亿至三千亿港元，包括公私营房屋、新市镇扩建等，可见建造业人手需求殷切，掌握 BIM 技术的人才十分吃香。

年轻人是保证未来发展的人力资源，为配合 BIM 技术的迅速发展，办学机构要适时陆续加入 BIM 元素；为学生提供先进的 BIM 学习设备。办学机构需要与业界合作，为工程界从业人员提供专业培训课程，课程内加入 BIM 基础训练，如接受土木工程、屋宇建造与屋宇装备监工课程的学员，他们学习 BIM 以深入浅出为主，导师教学目标是希望他们懂

得基本操作；又例如工料量度课程的学员，由于需要练习建筑工程的数量和成本控制流程，导师则会为他们介绍相关的 BIM 工具。另外，在政府应与各大学研究，增设以 BIM 技术为主科的课程，在全球不同国家的大学（包括：英国及澳洲）已开始将 BIM 纳入大学课程。BIM 纳入大学工程教育之作法，包括必修课程及重组现行课程（BIM 融入课程）。加强对人才的培训，配合未来市场需求。

虽然如此，培训未来人才的确可以解决建筑业内 BIM 技术人才在将来的需求问题，但并不能解决建筑业燃眉之急的问题。为解决短期内的需要，政府应鼓励不同的办学机构，针对性提供不同的短期课程，针对专业的 BIM 技术训练，鼓励在职业界人士报读并对此为公司及学员提供津贴。对在职业界人士进行培训，会更易达到因材施教，办学机构在设计的各项课程中，需加入不同程度的 BIM 知识训练内容。范畴包括：专业证书课程及持续进修课程。定时举办 1～5 天不等的 BIM 项目管理短期课程，让已晋升为行内专业及项目管理层可以了解如何应用 BIM 技术在项目的计划阶段至完工和维护或运营阶段的全过程管理，并了解如何制定项目的 BIM 标准，让不同范畴的项目人员能通力合作，加强在工程项目中 BIM 的应用。

另外，香港运用 BIM 技术管理项目方面还处于初始推广应用阶段。在很多香港建筑企业中，BIM 系统的运用从个人层面到项目层面，乃至公司层面，还没有一个完整的体系。作为建筑企业管理层需要面对 BIM 技术将会在香港成为主流的项目管理技术，以提升公司的竞争力。为控制成本，公司应选择合适的人才培养 BIM 技能。BIM 技术类似于大家所熟悉的 IT（Information Technology）技术，并非所有人对于电脑技术都能轻松上手。若要透

过外部的教育训练，如何在公司内部寻找合适的受训者（考量因素包含工程专业、学习态度、本身意愿等），使其成为公司 BIM 知能传播的种子部队，是影响公司内部 BIM 学习风气的关键因素。公司更可以为 BIM 技术，成立专业的管理部门，以协助管理不同项目内的 BIM 技术水平，并且可聘请专业人士提供公司内部培训。

政府推动 BIM 的角色及对行业支持是非常重要的一环，例如在 2018 年初，政府用 10 亿元设立建造业创新及科技基金，推动业界采用创新工程技术在科技应用及人才培育两方面向业界提供协助。但在实际上，政府提供的资金支援根本未能有效地帮助中小企发展 BIM，购入软件的成本高昂，中小企实在难以负担。此外，要求中小企投资数十万元，参与未必能成功的投标，令中小企对试用新技术却步。

政府如要全面发展 BIM 技术，在建造业创新及科技基金提供的 10 亿元是并不足够，根据实际情况需要，应全面提升资助的金额至 100 亿元。此外，政府应加强与业界沟通，了解不同公司在 BIM 技术使用及人才培训上的困难，定出对应的解决方法。例如在人才的培训上，政府可与办学机构联手举办不同的培训和专业讲座，让业界内的从业员了解更多 BIM 技术。

就以上的 BIM 技术发展在香港面对的主要问题，极需要政府、教育机构及建筑业界三方面紧密配合，香港才能紧接时代的步伐跟上世界 BIM 技术的潮流，提升香港作为国际经贸中心的竞争力。

5 总结

香港建造企业在应用 BIM 的过程中面对不少的机遇与挑战。香港建造行业面对市场人口老化、人才短缺、成本上升等众多挑战，更

要把握数据时代到来的机遇，企业应利用政府的基金、加强和学校合作设立合适的科目培训新的技术型人才迎合市场的要求、重组企业内部的架构与修订培训政策方针、长期的发展方向，持续不断创新与改革香港建筑企业才能在全球的建筑行业竞争下占有利之地。

另外，2019 年发布的《粤港澳大湾区发展规划纲要》提及香港正融入国家发展大局，将在参与"一带一路"建设和粤港澳大湾区发展等方面扮演更积极角色。粤港澳大湾区的建设已上升到国家级战略的层面，随着政策的推动，经济发展潜力巨大，人口红利也将持续发展，是国家新经济发展的策源地，粤港澳的合作共同发展目标，大湾区一同交流建筑行业的项目管理全过程管理及 BIM 的应用技术，抓紧优势，深化港澳与内地的资金流、人流、物流、信息流的便捷互通，藉此可以扩大香港的 BIM 人才库，加强 BIM 的应用技术，缩短香港与国际运用 BIM 技术的差距，发挥国际化社会的优势。通过发展大数据、加强科技基建等政策，将整个大湾区发展成智慧城市群，并在大湾区内成立国家级科技创新中心将为香港建筑企业带来无穷的机遇。

参考文献

[1] 郑展鹏. 香港 BIM 的采用、实施和管理[R]. 2018 中国建筑学会工程管理研究分会. 2019-09-15.

[2] 周胜洁. 高校土木专业增"BIM 技术"课程[N]. 上海青年报：第 A09 版全国两会，2018-03-07.

[3] 黄鑫，毛钧谊. 孙家广. BIM 推广应用迫在眉睫人才需求呈现大幅增长态势. 经济日报-中国经济网. 2018-12-12.

[4] 谢尚贤. 认识 BIM 技术[J]. 捷运技术半年刊，2012，47：1-6.

[5] 郭淑婷. 关于中国 BIM 人才培养模式的思考[R]. BIM 中国网，2015-06-03.

［6］ 刘尧遥. 吉林建筑大学城建学院土木工程系首次在 2016 届毕业设计中引进 BIM［R］. BIM 中国网，2016-04-13

［7］ 黄伟纶. 推动建造业 2.0 公营项目先行［N］. 香港经济日报，2018-10-22.

［8］ 政府工程要用 BIM，拒中小企于门外［N］. 星岛日报，2017-11-01.

［9］ Abdirad，H.，Carrie S. D.. BIM Curriculum Design in Architecture，Engineering，and Construction Education：a Systematic Review［J］. Journal of Information Technology in Construction，2016，(21.17)，250-271.

［10］ Bahareh G.，Elmira H.. Benefits and Barriers of BIM Implementation in Production Phase：A Case Study Within a Contractor Company［J］. Chalmers Civil and Environmental Engineering，2017，Master's Thesis BOMX 02-17-72.

［11］ 陈沐文，名家笔阵：港建造业迈向创新［N］，东方日报，2018-03-21.

［12］ 10 亿建造业创科基金接受申请［N］，星岛日报，2018-10-03.

［13］ 加强人才培训，建造业议会推动本地 BIM 文化［EB/OL］.［2017-08-01］.

［14］ 2018 至 19 财政年度政府财政预算案［EB/OL］.［2018-02-28］.

［15］ Darius M.，Vladimir P.，Virgaudas J.，Leonas U.. The Benefits，Obstacles and Problems of Practical BIM Implementation［J］. Procedia Engineering，2013(57)，767-774

［16］ 发展局局长. 局长随笔：政府建筑工程应用 BIM 技术获奖［EB/OL］.［2017-11-26］.

［17］ Eric Huang. BIMer 现身说法，聊聊香港的 BIM 教育［J］. WeBIM，2015-07-07.

［18］ 周慧瑜. 现阶段国内营建产业 BIM 人才培育之挑战与对策［J］. 大地期刊.

［19］ 粤港澳大湾区发展规划纲要［EB/OL］.［2019-2-18］.

BIM 图形模拟设计软件及其弊病的消除

任世贤

（贵州攀特工程统筹技术信息研究所，贵州　550000）

【摘　要】　作者在国际上三种 BIM 定义的基础上提出了自己的 BIM 定义，并依据此定义创立了建设工程符号学，从而为我国 3D 图形模拟设计软件的开发获得了著作权和获得自主知识产权奠定了坚实的理论基础。本文揭示了 DT 图形模拟设计软件存在的弊病，并指出采用 BANT3.0 软件和 BIM 管理计划是消除 BIM 图形模拟设计软件存在弊病的最佳、唯一途径。

【关键词】　BIM 的定义；BIM 前生命周期；DT 图形模拟设计软件；3D 图形模拟设计软件；BANT3.0 软件；BIM 管理计划

BIM Graphic Simulation Design Software and its Elimination of Disadvantages

Shixian Ren

（Research Institute of Overall Planning Technology
In Engineering BANT，Guizhou　550000）

【Abstract】　Based on the interdisciplinary research method of semiotics，the author puts forward his own definition of BIM on the basis of three definitions of BIM in the world，and establishes the semiotics construction engineering according to this definition.　Thus，it lays a solid theoretical foundation for the development of 3D graphic simulation design software in China to obtain copyright and independent intellectual property rights.　This paper reveals the disadvantages of DT graphic simulation design software，and points out that using BANT3.0 software and BIM management plan is the best and only way to eliminate the disadvantages of BIM graphic simulation design software.

【Keywords】　Definition of BIM；Pre-Bim Life Cycle；DT Graphic Simulation Design

Keyword Software；3D Graphic Simulation Design Software；BANT3.0 Software；BIM Management Plan

1　BIM 图形模拟设计软件

1.1　BIM 的定义

在国际上，下面三种 BIM 的定义具有典型性和代表性：

定义 1："建筑信息模型是在开放的工业标准下对设施的物理和功能特性及其相关的项目生命周期信息的可计算或运算的形式表现，与建筑信息模型相关的所有信息组织在一个连续的应用程序中，并允许进行获取、修改等操作"。这是国际标准组织设施信息委员会关于 BIM 的定义。作者认为，这里的"可计算或运算的形式表现"是指"对设施的物理和功能特性及其相关的项目生命周期信息"的数字、数字集合的表达。

定义 2：在 2009 年名为"The Business Value of BIM"的市场调研报告中，美国麦克格劳·希尔（McGraw Hill）集团给出的定义是："BIM 是利用数字模型对项目进行设计、施工和运营的过程。"

定义 3：美国国家 BIM 标准简称 NBIMS（United States National Building Information Modeling Standard）。NBIMS 对 BIM 的含义进行了 4 个层面的解释："BIM 是一个设施（建设项目）物理和功能特性的数字表达；BIM 是一个共享的知识资源；是一个分享有关这个设施的信息，为该设施从概念到拆除的全生命周期中的所有决策提供可靠依据的过程；在项目不同的阶段，不同利益相关方通过在 BIM 中插入、提取、更新和修改信息，以支持和反映其各自职责的协同作业。"

在考察建筑信息模型（BIM）产生与发展历史的基础上，依据前述国际上的三种定义，并参考相关的文献和资料，任世贤教授提出如下 BIM 定义：[1,2]

数字技术（Digital Technology，DT）是依托计算机的科学技术，它可以运用各种数字手段来实现建设工程项目数据的采集、数据的分析、信息的编码和传输等，这是一种虚拟技术，称为 DT 技术。数字技术也称数字控制技术。应用 DT 技术模拟建设工程项目的图形获取建设项目的数据，并应用该数据再现建设工程项目的虚拟图形，这本质上是一个设计过程，称为 DT 图形模拟设计。在国际上的 BIM 定义中，DT 图形模拟设计获取的数据称为 DT 模拟设计数据，简称 DT 图形数据，其获取的方式称为 DT 获取方式，应用的是 DT 技术。

三维（3D）设计实质上也是一种图形模拟行为，通过对建设项目的图形模拟获得建设项目图形对应的数据，并应用该数据再现建设项目的虚拟图形，称为 3D 图形模拟设计。3D 图形模拟设计获得的数据称为 3D 图形模拟设计数据，简称 3D 数据，其获取数据的方式称为 3D 获取方式，应用的是 CAD 技术。国际上的定义没有涉及 3D 图形模拟设计。3D 图形模拟设计和 DT 图形模拟设计统称 BIM 图形模拟设计。

任世贤提出的 BIM 定义开宗明义地指出："BIM 是建设项目信息化的集成模型，通过对建设项目图形的模拟获得其自身对应的数据（数字、数字集合），并应用此数据再现建设项目的虚拟图形是其鲜明的特点。"依据此定义，作者创立了 BIM 数字工程和 BIM 技术的基础理论——建设工程符号学。[3]

建设工程符号学为我国开发 3D 图形模拟设计软件获得了著作权。

1.2　BIM 图形模拟设计软件及其功能

建筑信息模型（BIM）将传统设计浪费了的数据资源利用起来，从而产生了 BIM 技术，这是在人类管理思想和技术发展的历史过程中绽放的奇葩，属于工程管理范畴。将工程项目管理[4]引入 BIM 后称为 BIM 工程项目管理，它是建设项目 BIM 生命周期的管理理论和方法，是工程项目管理企业代表业主对建设项目实施全过程或若干阶段的管理和服务的方式；这是人类管理思想和方法综合的产物。BIM 技术是在大数据的背景下产生的，是建设工程项目的大数据，它标志着建设工程项目管理崭新模式即 BIM 工程项目管理的诞生。

BIM 工程项目管理考虑并面对建设项目的全过程。建设项目设计、建造和运营的全过程统称为 BIM 建设项目全生命周期，简称 BIM 生命周期。在 BIM 生命周期中建设项目设计阶段属于前生命周期，建设项目建造阶段属于中生命周期，建设项目运营阶段属于后生命周期。BIM 是一个时间信息系统，具有自身内在的运行规律，称为 BIM 系统。该系统可以将它划分为 BIM 前生命周期子系统、BIM 中生命周期子系统和 BIM 后生命周期子系统。BIM 系统遵循自身的运行规律，而其各个子系统又具有自己的运行特性。

1.2.1　BIM 图形模拟设计软件的定义

在 BIM 前生命周期中，通过 3D 获取方式和 DT 获取方式获得 BIM 前数据即 3D 图形模拟数据和 DT 图形模拟数据，并可以应用之再现建筑工程项目的虚拟图形。3D 获取方式是图形模拟，DT 获取方式是数字模拟，因为二

者最终的目标都是再现建筑工程项目的虚拟图形，所以统称 BIM 图形模拟。BIM 图形模拟是建筑信息模型（BIM）的基本特性，称为 BIM 图形模拟特性。3D 图形模拟适用标准化的建筑工程和小土木建设项目，DT 图形模拟适用非标准化的建筑工程和大土木建设项目。在同一个建设项目中 3D 图形模拟适用于标准型部分的设计，DT 图形模拟适用于非标准型部分的设计，二者可以交互应用。

BIM 是一个时间信息系统，具有自身内在的运行规律，称为 BIM 系统。在 BIM 前生命周期中应用 BIM 图形模拟设计理论内涵开发的软件称为 BIM 图形模拟设计软件，通常称为 BIM 核心建模软件（例如，法国的达索系统），这是一个包括建设项目的平面设计、结构设计、设备与管道等的系列软件。BIM 前设计理论的理论内涵是 BIM 图形模拟设计软件（或 BIM 核心建模软件）的支撑理论。从 BIM 前设计理论到 BIM 核心建模软件的实际开发是其开发的内在逻辑。实现建设项目的 BIM 设计模型和建立 BIM 数据库是 BIM 核心建模软件的主要目标；在 BIM 图形模拟设计中产生的数据应自动录入 BIM 数据库；BIM-WBS 软件（参见下文）为 BIM 数据库提供 BIM 工作分解结构的工具；BIM 设计核查软件（例如 3D 设计碰撞软件）为实现各设计工种之间的协调性提供检查手段。本文主要以 3D 图形模拟设计软件为例。

在 BIM 生命周期中产生的建设项目各种类型的软件统称 BIM 工程项目管理软件，简称 BIM 软件。BIM 建设项目设计软件、BIM 建造管理软件和 BIM 物业管理软件是 BIM 软件的主要软件。BIM 软件通过 BIM 数据库将建设项目的全生命周期联系起来，用统一的数据源来规范各种信息的交流，协同信息流的相容性，保证系统信息流的畅通。其中，BIM

建设工程项目设计软件是一个软件包，实现建设项目的全面设计和建立 BIM 数据库是其基本任务。该软件由 BIM 图形模拟设计软件、BIM 设计核查软件（例如 3D 设计碰撞软件）、BIM 数据库软件和 BIM-WBS 软件组成，BIM 图形模拟设计软件是其核心软件。

什么叫 BIM-WBS 软件呢？BANT 计划存在层次结构，称为 BANT－AHP 嵌套层次结构，简称 BANT 嵌套结构。将 BANT 嵌套结构引入建筑信息模型（BIM）并称之为 BIM-BANT 嵌套结构，简称 BIM 嵌套结构。BIM 嵌套结构是建设项目工作分解结构的模式，称为 BIM-BANT－WBS 工作分解结构，简称 BIM-WBS 结构，这是建设项目计划的层次结构。按照 BIM-WBS 工作分解结构理念开发的软件具有将建设项目分解为 BIM 嵌套结构并对 BIM-WBS 结构编码的功能，称为 BIM-WPS 软件。

1.2.2　BIM 图形模拟设计软件的类型

按照获取数据的方式可以将 BIM 图形模拟设计软件划分为 3D 图形模拟设计软件和 DT 图形模拟设计软件：采用 3D 获取方式者为 3D 图形模拟设计软件；采用 DT 获取方式者为 DT 图形模拟设计软件。例如，法国的达索系统属于 DT 图形模拟设计软件。3D 图形模拟设计软件和 DT 图形模拟设计软件是 BIM 图形模拟设计软件的两种类型，其中 3D 图形模拟设计软件是任世贤提出的 BIM 定义的产物。顺便指出：DT 图形数据和 3D 图形数据、3D 图形模拟设计软件和 DT 图形模拟设计软件都属于 BIM 前生命周期的产物。

我国 BIM 理论界和高等院校都是按照国际上的 BIM 定义研究和探索 BIM 软件开发的。发达工业国家开发的 DT 图形模拟设计软件——例如法国的达索系统，在核心技术方面

已经很完善了，我国开发的 DT 图形模拟设计软件不可能超过达索系统。这里，应当指出的是：如果继续这样下去，即令我国开发出了 DT 图形模拟设计软件，也不能获得自主知识产权，因为是按照国际上的 BIM 定义开发的，且达索系统已经创立了按照国际 BIM 定义开发的典范。

任世贤教授提出的 BIM 定义为我国开发 3D 图形模拟设计软件获得自主知识产权奠定了坚实的理论基础。

1.2.3　BIM 图形模拟设计软件的主要功能

人类管理技术经历了古代自发管理阶段、科学管理阶段、现代管理阶段、项目管理和工程项目管理后，在 21 世纪初迈入了一个崭新的管理时代——工程项目管理和数字建造，BIM 技术是其核心工具。

在本文中，以 BIM 技术为标志的工程项目管理模式称为建设项目的 BIM 工程项目管理模式，简称 BIM 工程项目管理。BIM 工程项目管理是一个整体，它包含了设计、建造和运营的全过程。建设项目的设计是在前生命周期完成的，BIM 图形模拟设计软件是其设计工具。BIM 图形模拟设计软件具有强大的功能，BIM 可视化功能、BIM 参数化功能、BIM 再现功能是其主要的功能：

（1）BIM 可视化功能。如果建筑工程项目建立了 BIM 图形模型和 BIM 数据模型之间的对应关系，则该建筑工程项目就实现了科学计算可视化，称为 BIM 可视化。BIM 可视化是建筑信息模型（BIM）的亮点之一，是 BIM 令人激动的创新和贡献。

（2）BIM 参数化功能。在 BIM 图形模拟设计中修改任何一个设计数据，相关元素和相关的设计工种的相关设计数据也会随之改变，称为 BIM 图形模拟设计软件的参数化功能，简称 BIM 参数化功能。BIM 参数化功能保证

了 BIM 生命周期管理的规范化和精细化。这里应当指出的是，在 BIM 图形模拟设计中修改任何一个设计数据，相关元素和相关设计工种的相关设计数据也会随之改变，从而赋予了 BIM 设计模型以优化功能，称为 BIM 协同优化——也就是说，BIM 参数化功能确保了 BIM 协同优化。

（3）BIM 再现功能。设计是建设项目数据的源头。在 BIM 生命周期中获取的设计数据称为建设项目的 BIM 数据（数字，数字集合），简称 BIM 数据。在建设项目的设计中，用 BIM 数据再现建设项目的虚拟图形，实现建设项目的建造和运营，称为 BIM 图形模拟设计软件的再现功能，简称 BIM 再现功能。

2 BIM 图形模拟设计软件的弊病

2.1 BANT 计划和 BIM 管理计划及其本质区别

网络计划是具有确定输入、确定输出和具有确定内态的以计划结构符号作为信息载体的封闭系统，这是一个时间-信息管理系统。传统网络计划的数学模型具有逆向计算程序，存在系统结构不相容的错误。[5]

2.1.1 BANT 计划和 BIM 管理计划

结构符号网络计划（或 BANT 计划）的数学模型没有逆向计算程序，其各种计划类型之间存在层次结构。BANT 计划吸收和继承了横道时标计划、传统网络计划的全部研究成果，是对单、双代号网络计划技术进行综合后的创新成果，是当今最先进的网络计划技术。

将 BANT 计划引入 BIM 后表示为 BIM-BANT 计划，并辅以 3D 图，称为 BIM 管理计划（图 1）。BIM 管理计划除了具有自身的结构与特性（例如层次结构和时标计划）外，还吸收了 BIM 模拟计划 3D 图的优势。

2.1.2 BANT 计划和 BIM 管理计划的本质区别

在基本（或简单）网络计划技术的基础上增加费用、材料、合同等管理功能就构成了建设项目的多维时间-信息管理系统，例如 4D、5D 信息管理系统。

在 BIM 管理计划中每一个三维工程图形都表示建设项目在某一时刻的形象进度。这种描述建设项目在任意时刻形象进度的三维工程图形，称为 BIM 三维形象进度图，简称 3D 图。3D 图是一个时刻概念，故 3D 图应实时反映建设项目的时刻特征；3D 图是一个实体概念，因为建设项目实体是依据 BIM 前数据再现的，所以每一个 3D 图都蕴含（或对应）了一个特定的数据集合。在图 1 中 BANT 计划曲线上方的三维立体图形就是 3D 图。

这里，顺便对图 1 做这样的说明：由于幅面的关系，图 1 采用的是 BIM 定性管理计划的表达方式——如果要看该图的 BIM 时标计划，只需要在此软件上点击"时标计划"键即可。另外，如果用户想了解建设项目计划任意时刻的实时运行状态，只需要在此软件上点击该任意时刻的 BIM 节点就可以看到如图 1 所示的 BIM 管理计划。

将图 1 中的 3D 图删除后的计划曲线就是 BANT 计划。BANT 计划不仅具有定性计划的表达方式，而且还有时标计划的表达方式。因此，是否可以绘制 3D 图是 BANT 计划和 BIM 管理计划的实质性区别。

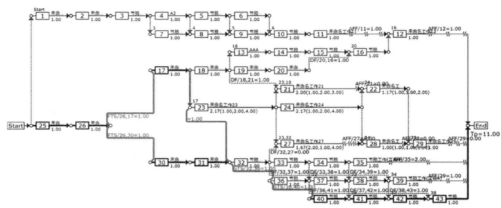

图 1　某建设项目 BIM 定性综合管理计划

在 BIM 节点 24 的实时运行状态图

2.2　BIM 图形模拟设计软件存在的弊病及其消除

2.2.1　BIM 图形模拟设计软件存在的弊病

耗散结构理论从复杂性的视角重新认识了时间，发现了时间。时间不仅贯穿于生物学、地质学和社会科学之中，而且还贯穿于微观层次和宏观层次之中，在所有层次上，"在每个领域，自组织、复杂性和时间都起着一种新的意想不到的作用"。空间和时间共同描述质点（事物）的运动，故时间和空间是不能分离的。

因此，BIM 图形模拟设计软件本质上是一个时间—信息管理系统。

网络计划技术软件描述建设项目正向（沿 Time 轴方向）运行的实时状态，并且可以优化建设项目的进度计划，称为网络计划技术软件的特定功能，简称网络计划功能。图形模拟是 BIM 核心建模软件的本质。获得 BIM 前数据（3D 前数据和 DT 前数据），并用之再现建设项目的虚拟图形是 BIM 图形模拟设计的目标。因此，BIM 图形模拟设计软件没有网络计划功能。

因为是时间-信息管理系统，BIM 图形模拟设计软件应当从时间和空间两个方面反映建设项目。BIM 图形模拟设计软件能够描述建设项目物质的运行形态，例如建设项目的结构、工艺、材料和费用等，这是空间方面；在时间方面，由于没有网络计划功能，故 BIM 图形模拟设计软件不能从时间方面描述建设项目物质的运行形态，例如编制建设项目的制造（或建造）进度计划和成本计划及其优化；又例如在实施过程中反映质量的控制状态；再例如实时描述进度计划和成本计划的执行情况。

2.2.2　BIM 图形模拟设计软件弊病的消除

任世贤研究员关于结构符号网络计划技术研究获得了国家自然科学基金 3 个立项资助（附件 1），已经出版了两本专著，[6,7]BANT 计划软件已经取得了 3 个软件著作权证书（附件 2）。作者及其团队在 BANT 计划技术软件的基础上成功开发的 BANT 项目管理软件，简称 BANT3.0 软件，这是对已经获得自主知识产权的三个软件综合开发的结晶，它凝固了 BANT 计划技术软件的核心技术。BANT3.0

软件是当今最科学、最实用的网络计划技术软件，它标志中国已经掌控了世界网络计划技术和项目管理软件开发的核心技术。[8]

在建设项目的实施中，BIM 图形模拟设计软件（例如法国的达索软件系统）可以为 BANT3.0 软件提供实时表达 3D 图的相关的参数，因此，采用 BANT3.0 软件和 BIM 管理计划是消除 BIM 图形模拟设计软件存在弊病的最佳、唯一途径。

3　附件

项目编号 / 学科代码1	项目名称/ 项目负责人/ 依托单位	报告 年度	报告 类型	最后 提交时间	报告状态	操作
70671032/ G0109	ANT型项目管理软件开发机理的研究和计算机验证 **项目负责人：** 任世贤 **依托单位：** 贵州省电子计算机软件开发中心	2009	结题	2010-3-3 15:30:54	基金委已审核	查看报告
70671032/ G0109	ANT型项目管理软件开发机理的研究和计算机验证 **项目负责人：** 任世贤 **依托单位：** 贵州省电子计算机软件开发中心	2008	进展	2008-12-26 12:29:00	基金委已审核	查看报告
70671032/ G0109	ANT型项目管理软件开发机理的研究和计算机验证 **项目负责人：** 任世贤 **依托单位：** 贵州省电子计算机软件开发中心	2007	进展	2007-11-13 11:30:04	单位已审核	查看报告
70240005/ G0113	BANT等四个理论成果上机验证的深化研究 **项目负责人：** 任世贤 **依托单位：** 贵州省电子计算机软件开发中心	2003	结题	2004-3-25 10:17:09	基金委已审核	查看报告
79960005/ G0109	没有逆向反馈的网络计划技术 **项目负责人：** 任世贤 **依托单位：** 贵州省电子计算机软件开发中心	2002	结题		基金委已审核	查看报告

附件 1　获得了国家自然科学基金 3 个立项资助

BANT 项目管理软件已经获得三个著作权登记证书：

（1）《BANT 综合网络计划技术软件》（简称：BANT1.0 软件）著作权登记证书，软件登记号为 980146。

（2）《BANT 网络计划技术软件》（简称：BANT2.0 软件）著作权登记证书，软件登记号为 2006SR16222。

（3）《BANT－BCWP1.0 项目管理软件》（简称：BANT－BCWP1.0 软件）；登记号：2007SR15792）。

附件 2　BANT 项目管理软件已经获得三个著作权登记证书

参考文献

［1］任世贤. 我们应当重新认识和思考国际上 BIM 的定义. 任世贤的新浪博客，2017.

［2］任世贤. 任世贤 BIM 定义的学术意义与价值. 任世贤的新浪博客，2018.

［3］任世贤. 建筑工程符号学——BIM 数字工程和 BIM 技术的基础理论. 任世贤的新浪博客，2018.

［4］任世贤. 工程项目管理的崭新理念. 任世贤的新浪博客，2017.

［5］任世贤. 网络系统运行过程机理的研究. 中国科学基金，2001，15(2)：88-94.

［6］任世贤. BANT 网络计划技术——没有逆向计算程序的网络计划技术. 长沙：湖南科学技术出版社，2003.

［7］任世贤. 工程统筹技术. 北京：高等教育出版社，2016.

［8］徐伟宣. 华罗庚与优选法统筹法//徐伟宣编. 贴近人民的数学大师——华罗庚诞辰百年纪念文集. 北京：科学出版社，2012，143-145.

海外巡览

Overseas Expo

基于 BIM 的图数据库在工程管理领域的应用
——以大型设备室内运输碰撞检测为例

胡雨晴　Daniel Castro

（佐治亚理工学院，亚特兰大　GA30332）

【摘　要】 信息技术是推动建筑行业变革的关键。建筑信息模型（BIM）集成了项目从设计，施工到运营维护各个阶段的信息，如何使用这些信息支撑工程管理过程成为 BIM 应用的重点。目前基于 BIM 的应用仍较多使用关系数据库，但关系数据库对图数据的支持存在一定困难，而基于图的应用存在广泛需求，如建筑内部空间的连通性问题、路径规划问题等。本文探索了图数据库在工程管理领域的潜在应用并以大型设备室内运输路径规划及碰撞检测为例，展示了如何自动提取 BIM 信息构件图数据网络，并结合图数据库内置的图算法实现检测任务。

【关键词】 图数据库；BIM；可达性检测；Neo4j 数据库

BIM-enabled GraphDatabase Applications in the Construction Management Process
——Based on Large Equipment Accessibility Check

Yuqing Hu　Daniel Castro

（School of Building Construction，Georgia Institute
of Technology，Atlanta　GA　30332）

【Abstract】 The Architecture，Engineering and Construction（AEC）industry has entered the digital era with the development of information technology. Building Information Modeling（BIM）has been viewed as a central database that integrated the information generated in the whole life cycle of a project. How to use the information embedded in the BIM to facilitate construction management is important. Many studies discuss data applications based on relational database. However，many problems，such as access control, path finding, and sequence of dependent activities, are more efficient to approach from the graph perspective. Instead of using relational database, graph database is a more suitable choice to store and query information for these graph-oriented problems. This paper discusses the potential applications of graph database in the construction management field and uses equipment accessibility check as a user case to represent how to map BIM models in a graph database, check accessibility, and find the shortest path for the equipment transportation inside a building without clash. A software has been developed and validated on a real project.

【Keywords】　Graph Database；BIM；Accessibility Check；Neo4j Database

1　引言

大数据时代，智能化生产和无线网络革命被称为引领未来的三大技术变革。信息技术的进步也推动着建筑行业的发展与变革。随着建筑信息模型（BIM）、传感技术、无人机等技术的推广，大量数据在工程项目全生命周期不断涌现。在众多信息技术中，BIM 可以被看成是一个中心数据库，集成着工程项目从设计、施工到运营的数据。如何更好地利用 BIM 中集成的数据提高工程管理效率成为重要问题，而有效的信息存储及检索成为支持这一过程的关键。目前主要应用的数据库类型为关系数据库，存储实体的属性和实体与实体之间的关系。但很多工程管理问题不仅关心实体之间的关系，更强调整体网络结构，及如何基于整体网络得到最优方案，比如火灾情景中的最优路径规划，建筑内部通行性问题，并行工程的排序问题等。除此之外关系数据库需要预先定义数据模型，但建筑系统中各元素差异明显，如何定义统一的数据模型存在一定难度，且不利于新数据需求涌现时的数据库更新。为解决这些问题，本文探索图数据库在工程管理领域的运用，图数据库不要求设定数据模型，且更有利于网络和图数据的存储和检索。本文以大型设备室内运输碰撞检测为例，研究如何将 BIM 数据存储到图数据库中，并基于图算法自动检测大型设备是否可在室内通行及最短可通行路径。碰撞检测是 BIM 的主要应用之一，然而当前很多方案主要关注硬碰撞的检测及建筑物构件的物理重合，而忽略了在建筑运营和维护过程中的软碰撞问题。事实上，建筑运维成本占项目全生命周期成本的 50% 以上[1]。因此如何有效地检测建筑运维过程中的软碰撞具有重要意义。

2　文献综述

2.1　基于 BIM 的图应用

图具有两个基本要素：顶点和边。顶点和边均可具有相应的属性。根据边是否具有方向，图可进一步分为有向图与无向图。通过对相关文献的梳理，基于 BIM 的图论在建筑工程领域的应用主要可以分为两大方面：1）路径规划问题；2）模式识别问题。路径规划问题包含通行性控制，空间连通性检测，运营维修路径规划，施工进度检测等。除进度检测外，其余几种研究均基于建筑空间。一般以建筑空间或者房间作为图的顶点，以门、窗、楼梯、墙等为边定义临近关系及连通关系建立空间网络图。该图形可用于空间连通性检测，Eastman（2009）将该方法用于法院大楼的设计自动化审查，以确保各区域内部空间的连通及区域之间的阻断。Isaac et al（2013）将空间连通性的信息用于建筑能耗模拟。除连通性检测外，基于空间图的最短路径规划也是常见的应用形式。为了更准确的距离计算，该类研究一般会根据空间/房间的几何形状确定可能的移动位置。Xu et al（2016）采用不规则角网（TIN，Triangulated Irregular Network）根据建筑几何平面图，构建空间路由网络。Lee et al（2010）使用门及空间凹点结合计算路由网络。相比于空间连通网络，路由网络中的边具有距离属性，可进行路径规划。Chen et al（2018）使用路由网络优化设备维修路径。Xu et al（2016）基于此网络优化紧急情况下，室内人员疏散的最优路径。除基于空间的图应用外，Kalasapudi et al（2014）讨论了建筑构件依赖网络，该网络以单个建筑构件为顶点，构件之间的施工逻辑依赖关系为边，比如建筑楼板需以梁为基础，并以该网络结合无人机进行施工进度检测。无人机所收集的点云信息可以用来识别已完工的建筑构件，但由于施工现场存在诸多阻挡，如大型设备等，会造成信息丢失，无法实现有效的施工进度检测。结合建筑构件的依赖关系网络可以进行一定程度的信息补全，比如点云已检测到楼板，根据反向的路径搜索，可推断出梁已经施工完成，从而提升施工进度检测的准确度。

除路径问题外，模式识别是图论在 BIM 中应用的另一主要形式。Langenhan et al（2013）使用案例推理方式（CBR，Case Based Reasoning）基于图模式识别实现自动化空间布局。其提出在构建空间布局案例数据库时，传统的关键字表述方式存在困难，因此其主张存储空间关系图，及以各建筑空间为顶

点，以空间之间的临近关系及连接关系为边。在设计人员提出连通关系要求后，可以根据图匹配算法自动从数据库中提取出相应案例以后供设计人员参考。Sigalov and König（2017）将图论思想应用于基于 BIM 的施工进度排布问题，以施工任务为顶点，施工任务之间的逻辑依赖关系为边构建任务关系图，使用图匹配算法自动识别出任务图中所存在的常见模式，构建案例数据库，用于自动化进度排布。该方式提高了案例推理方式中案例数据库构建困难的问题。Zhang 将图论的思想用于设计人员建模效率的评估，其以 BIM 软件中自动存储的日志文件为基础，以日志文件中所存储的建模指令为顶点，并记录指令之间的顺序关系，构建指令图。通过图匹配算法识别常用的指令组，以该指令组为单位统计建模时间，以衡量建模效率。

2.2 图数据库

基于 BIM 的图应用迅速发展，图论思想提供了从网络整体结构出发的全局优化方法。图数据的内容和种类日益丰富，但目前常用的数据库类型仍为关系数据库，无法满足数据的高度连接特征及基于图算法的查询需求[10]。关系数据库自 20 世纪 70 年代被提出后，广泛应用于商业和学术领域。其预定义的数据表结构和数据关系及基于 SQL（Structure Query Language）语言的信息存储及查询方式具有便于理解、使用方便、易于维护等特点。但其对数据一致性的高度要求也存在数据横向扩展困难及读写性能较差等问题，同时其通过外键（Foreign Key）及关联表格存储数据关联属性的方式对高度连接数据（图数据）读写支持存在一定困难。信息及物联网技术在工程领域的发展提倡构建建筑信息网络，通过设备与设备之间频繁智能沟通及人工智能的使用，实现建

筑在各个生命周期的自动检测和不断优化。各数据之间的有效关联是实现人工智能的基础，同时各种新型的建筑传感设备的使用对数据库的横向扩展功能的要求不断提高。相较于关系数据库，图数据库可以很好地支撑上述需求。图数据库存储图的顶点和边及其相关属性，对统一的数据模型没有要求，可以同时存储多种类型的顶点和边，方便更新和修改，具有较好的数据扩展功能。同时可以实现基于图算法的复杂查询。本文以大型设备室内运输检测为例，探索如何将建筑模型信息存入图数据库中，并利用基于图的查询方式，自动检测是否存在无碰撞的最优路径及碰撞存在时的最优解决方法。

3 研究方法

3.1 构建建筑路由图

本文旨在检测大型设备的室内运输问题，其本质是空间约束下的路径规划问题。因此第一步及定义室内路由网络并存储相应的空间属性信息。目前关于空间路由网络的构建主要包含两种方式[5,11]：1) 以建筑空间为顶点，以可通行构件如门、楼梯等为边；2) 以可通行构件为顶点，并认为处于同一空间的可通行构件可连接。第一种方式一般不考虑距离属性，通常用于检测空间的连通性，因此本文采用第二种方式并以门作为可通行构件为例进行说明。建筑信息模型中包含丰富的信息，构建路由网络首先需要明确数据需求并实现信息的自动提取。本文基于 IFC（Industry Foundation Classes）文件进行信息提取，IFC 作为中间数据格式可应用于多种软件，因此基于 IFC 的开发具有更好的通用性。基于 IFC 的模型视图定义（MVD，Model View Definition）被用于明确数据要求。路由网络的顶点为门，因此

门实体（Ifc Door）为主要信息要素，门包含多种属性，本文需要计算门之间的距离，因此需要提取门的空间位置；除距离属性外，该网络需要具有空间属性以确定大型设备是否能够通行，因此门的宽度和高度为必要信息。除此之外需要确定门所在的空间信息，用于确定门与门之间是否可以相连。在 IFC 结构中，门被定义为空间的边界对象，以 IFC Rel Space Boundary 与所属空间相连。建筑内部的门一般属于两个空间，外门则属于一个空间。因此设备室内运输的 MVD 如（图 1）所示。基于该 MVD，本文使用 C♯结合 xBIM 包自动从 IFC 模型中提取所需信息并存入数据库以备查询使用。

3.2 可通行检测流程

本文使用 Neo4j 图数据库，Neo4j 为最常使用的图数据库之一，Neo4j Dot Net Driver 用于连接数据库以实现信息的自动存储，该数据库中存储的主要信息如表 1 所示。设备检测功能的输入信息包括：设备的尺寸信息（尺寸信息以设备包围盒的长宽高表示）及运输的起点和终点。检测流程如图 2 所示，首先利用 Neo4j 的内置 Union-find 算法计算图的连通区域并更新点的属性，如图 3 存在 6 个连通区域。当起点和终点不在相同的连通区域时，连通路径不存在。若处于同一连通区域，检测该连通区域内的门是否可以满足设备通行，若满足，则更新门的通行属性为真。更新通行属性后使用 Neo4j 提供的 Dijkstra's 算法检测是否存在满足可通行条件的最短路径。若存在则输出最短路径，若不存在，检测不符合尺寸的门，逐个修改其可通行属性，并重新检测直至发现可通行路径。逐个修改属性的方式可保证修改最小数量的门。

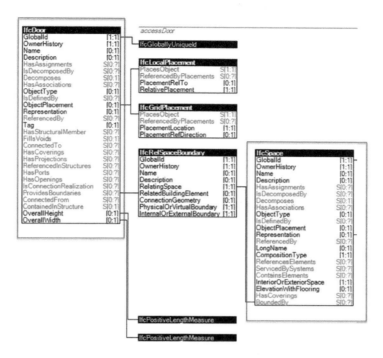

图 1　设备室内运输检测 MVD

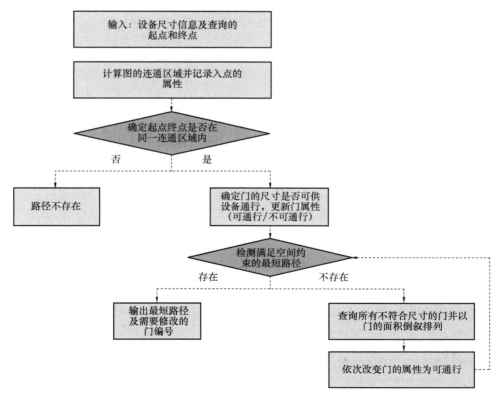

图 2　设备可通行性检测流程图

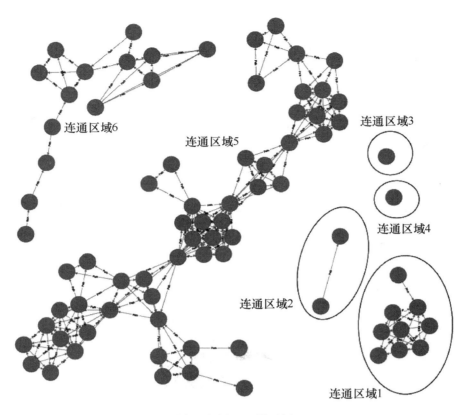

图3　图连通区域示例

数据库主要元素　　　　表1

元素	属性
顶点（门）	Id，位置（x，y，z）， 宽度，高度
边（同一空间 的门相连）	距离（相连的两个门 之间的直线距离）

4　系统设计及算例应用

所选示例项目为位于美国的一所公立大学的教学楼，总建筑面积 18580m²，2012 年开始施工到 2015 年完工，总投资约 1.13 亿美元。该项目在立项初期即明确了 BIM 全项目周期使用的目标，包括前期空间规划、设计协调、到施工管理及建筑维护及运营阶段。该教学楼供包含生物、化学及计算机等在内的多学科科研及教学使用，楼中存在多间实验室及众多大型实验设备，因此规划合理路径解决设备运输及维护更新问题至关重要。本文开发结合 Neo4j 图数据库开发了基于 .Net 的设备室内运输检测系统，其框架图如图 4 所示。

该系统由用户输入 IFC 格式的 BIM 模型，系统基于 xBIM 自动提取构建室内路由网络的相关信息并存入 Neo4j 图数据库。同时根据用户提供的信息存储预定义的设备尺寸信息。信息存储过程完成后，进入用户需求输入界面，该界面自动提取顶点及设备信息供用户选择。在该界面中，用户选择设备运输起点与终点及所需运输的设备尺寸，若预定义的设备尺寸不符合要求，用户可自行定义。检测要求定义完毕后，Neo4j 数据库运行如图 2 所示的检测流程并记录检测结果，自动生产检测报告。图 3 为所选案例一层的路由图，其包含 75 个顶点（门）和 230 个边，经验证该系统可以实现设备运输的路径规划及碰撞检测任务。

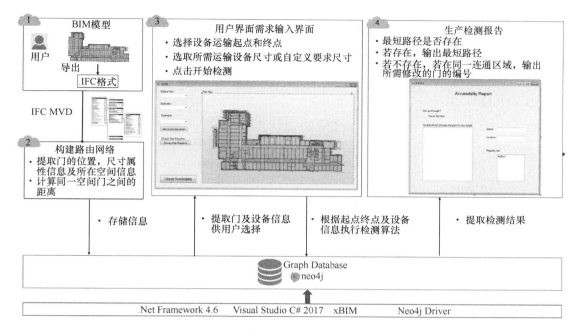

图 4　设备室内通行检测架构图

5　结语

　　本文指出随着信息网络的发展及在工程管理领域的应用，新的数据种类不断涌现，数据与数据之间高度关联，基于大数据网络的应用不断发展，其对数据的存储和应用提出了新的要求。本文总结了各种基于 BIM 的多种图应用，图数据本身就有高度连接属性，但传统关系数据库对该类数据存在读写性能较差及横向扩展存在困难等问题。本文提出将图数据库应用于工程管理领域，并以大型设备室内通行检测为例，探索如何将 BIM 信息转化成路由图信息并存储入图数据库中，并使用图算法实现通行的自动检测，查询可通行的最短路径，并在可通行路径不存在的情况下，提出最优修改方案。需要指出的是该检测系统为图数据库应用的示例，其仍有较大的改善空间。

参考文献

［1］ B. Foster. BIM for facility management：design for maintenance strategy. J. Build. Inf. Model，2011.

［2］ C. Eastman. Automated assessment of early concept designs. Archit. Des.，2009.

［3］ S. Isaac, F. Sadeghpour, and R. Navon. Analyzing Building Information Using Graph Theory. in ISARC. Proceedings of the International Symposium on Automation and Robotics in Construction，2013.

［4］ M. Xu, I. Hijazi, A. Mebarki, and R. El Meouche. Indoor guided evacuation：TIN for graph generation and crowd evacuation. Geomatics，Nat. Hazards Risk，vol. 7，no. 1，pp. 47-56，2016.

［5］ J. Lee, C. M. Eastman, J. Lee, M. Kannalaô, and Y. Jeong. Computing walking distances within buildings using the universal circulation network. vol. 37，pp. 628-646，2010.

［6］ W. Chen，K. Chen，J. C. P. Cheng，Q. Wang, and V. J. L. Gan. Automation in Construction BIM-based framework for automatic scheduling of facility maintenance work orders. Autom. Constr.，vol. 91，no. February，pp.

15-30，2018.

[7]　V. S. Kalasapudi，Y. Turkan. and P. Tang. "Toward Automated Spatial Change Analysis of MEP Components using 3D Point Clouds and As-Designed BIM Models. " in 2014 Second International Conference on 3D Vision Toward，2014.

[8]　C. Langenhan，M. Weber，M. Liwicki，F. Petzold，and A. Dengel. "Graph-based retrieval of building information models for supporting the early design stages. " Adv. Eng. Informatics，vol. 27，no. 4，pp. 413-426，2013.

[9]　K. Sigalov and M. König. Recognition of process patterns for BIM-based construction schedules. Adv. Eng. Informatics，vol. 33，pp. 456-472，2017.

[10]　张硕，"图数据库查询处理技术的研究."哈尔滨：哈尔滨工业大学，2010.

[11]　N. Skandhakumar，F. Salim，J. Reid，R. Drogemuller，and E. Dawson. Automation in Construction Graph theory based representation of building information models for access control applications. Autom. Constr. ，vol. 68，pp. 44-51，2016.

典型案例

Typical Case

中国公立医院 PPP 项目的主要问题：多案例研究

王立光[1]　王广斌[1]　樊鹏[2]

（1. 同济大学经济与管理学院，上海　200092；

2. 深圳市砖济公共咨询有限公司，深圳　518054）

【摘　要】随着 PPP 模式在我国公立医院项目中的广泛应用，此类项目建设和运营中存在的很多问题逐渐凸显。本文选取了我国 7 个具有代表性的公立医院 PPP 项目展开研究，采用多案例研究方法系统识别、归纳出我国公立医院 PPP 项目的 6 个主要问题，包括人员安置问题、公立医院公益性原则与社会资本逐利性的矛盾问题、前期工作深度不够、政策不完善、市场需求不足及工程成本超支的问题。文章针对每个问题进一步给出详细的分析，并提出了管理建议。

【关键词】PPP；公立医院；主要问题：管理对策

Key Issues in PPP Public Hospital Project in China：a Multiple Case Study

Liguang Wang[1]　　Guangbin Wang[1]　　Peng Fan[2]

（1. School of Economics and Management at Tongji University，Shanghai　200092；

2. Shenzhen Brick Consulting Company，Shenzhen　518054）

【Abstract】Public Private Partnership（PPP）is widely used in public hospital projects in China. However，there many issues during the concession period emerge and should be carefully handled. This paper selects seven representative cases and uses multiple case studies to identify a total of six key issues in PPP public hospital project in China，which are personnel placement，conflict of public benefits and private interest，deficient in project preparation work，incompleteness of law and regulations，demand risk，and construction cost overrun. Each key issue is further analyzed and the suggestions on management strategies are proposed

【Keywords】PPP；Public Hospital；Key Issues：Management Strategies

1　问题提出与文献综述

政府和社会资本合作模式（Public Private Partnership，PPP）是在基础设施及公共服务领域建立的一种长期合作关系。通常模式是由社会资本承担设计、建设、运营、维护基础设施的大部分工作，并通过使用者付费及必要的政府付费获得合理投资回报；政府部门负责基础设施及公共服务价格和质量监管，以保证公共利益最大化[1]。近年来，我国出台了一系列政策，在基础设施和公共服务领域大力推广PPP项目[2]。

根据国务院 2009 年发布的《中共中央国务院关于深化医药卫生体制改革的意见》（中发〔2009〕6 号）及发展改革委、卫生部等五部委 2010 年制定的《关于进一步鼓励和引导社会资本举办医疗机构的意见》（国办发〔2010〕58 号）等文件，都明确提出了鼓励和引导社会资本举办医疗机构，形成多元化办医格局，实现投资主体多元化，切实有效地满足群众医疗需求[3]。除鼓励社会资本举办非营利性医疗机构、营利性医疗机构，文件还指出，"有条件的地区，医院可以通过合作、托管、重组等方式，促进医疗资源合理配置。"[4] 由此，为社会资本参与公立医院运营管理从而实现提质增效、完善公共医疗服务供给指明了可探索尝试的政策方向。

社会资本参与公立医院运营管理的途径包括托管、供应链管理等，此外，由于基本医疗服务属于公共服务领域，PPP 模式也是一种经过国外医院领域和国内市政公用事业等领域实践检验的有效的合作方式[3]。PPP 模式包括多种具体的合作方式，如建设-运营-移交（Build-Operate-Transfer，BOT），建设-拥有-运营（Build-Own-Operate，BOO），转让-运营-移交（Transfer-Operate-Transfer，TOT），改建-运营-移交（Rehabilitate-Operate-Transfer，ROT），委托运营（Operations & Maintenance，O&M）等[5]。

截至 2019 年 3 月 31 日，已经纳入财政部 PPP 综合信息平台项目管理库的项目中，公立医院 PPP 项目数量超过 200 个[6]。但从实践情况来看，入库的公立医院 PPP 项目存在落地率（政府与社会资本签约率）明显低于其他行业，区域分布不平衡，项目实施进度较慢等问题[7]。本文将通过多案例研究，系统分析我国公立医院 PPP 项目中存在的问题并给出对策建议。

贾康和孙杰[8]分析了公立医院 PPP 模式的具体合作方式，并将社会资本参与公立医院 PPP 项目可承担的工作分为提供基础设施和提供运营管理服务，其中，服务的内容归纳为非临床支持服务、临床支持服务及专业临床服务。针对社会资本承担的服务内容的不同，李丽红等[9]分析了不同情况下公立医院 PPP 项目的回报机制，并建议公立医院 PPP 项目扩展可营利性医疗项目，同时设置可调整的回报机制，从而兼顾项目的社会效益和经济效益。

高鹏[2]认为，各方目标不一致可能导致的零和博弈是公立医院 PPP 项目中存在的主要问题，且公立医院的公益性、非营利性和政治敏锐性增加了其 PPP 模式的设计难度。刘炎燃[10]指出项目融资难和运营管理能力不足是公立医院 PPP 项目落地难的主要原因。陈龙和贾建宇[7]对入库的公立医院 PPP 项目进行了描述性统计分析，指出项目"落地难"的原因包括地方财政投入不足，投资规模大、风险高，政策法规尚不完善及融资渠道单一等。以上研究针对公立医院 PPP 项目中存在的主要问题做了初步的分析，但问题的识别主要基于专家的判断，缺少对实际案例的剖析，并缺少对问题的系统分析。鉴于此，本研究采用多案例研究方法，识别公立医院 PPP 项目中的主要问题，进行系统的分析并给出管理对策。

2　研究方法

2.1　多案例研究方法

本研究采用多案例研究方法，对案例中发生的主要问题事件进行详尽的描述和系统的分析，并从中归纳总结出案例中遇到的主要问题[11]。Eisenhardt[12] 指出，采用案例研究的方法构建结论至少需要选取 4 个以上的案例，宋金波等人[13] 采用多案例研究方法，通过对 18 个案例的分析，识别了中国垃圾焚烧发电 BOT 项目的关键风险，并给出了应对策略。牛耘诗等人[14] 应用多案例研究方法，详细分析了 15 个具有代表性的国际 PPP 项目案例，总结其发生争议的原因和争议的解决方式，并

提出规避和解决国际 PPP 项目争议的建议。此外，多案例研究方法还被广泛应用于 PPP 项目中初始信任对合同条款的控制影响[15]、PPP 项目的成功因素[16]、轨道交通 PPP 项目的交易方式等方面的研究[17]。

2.2　案例选择

本研究的目的是识别、分析我国公立医院 PPP 项目中的主要问题，因此案例的选择按照如下标准：（1）属于公立医院领域，采用 BOT、BOO、TOT 等模式运作，已完成项目识别；（2）项目案例分布于我国多个省市或地区；（3）项目案例所呈现的问题复杂且对项目的运作具有一定影响。本研究对满足上述标准的案例进行了归纳与整理，最终选取了东莞市某医院新院建设 PPP 项目、珠海市某医疗中心 PPP 项目、云南省红河州弥勒市中医医院迁建项目等 7 个项目案例，如表 1 所示。

所选取项目案例的基本信息　　　　　　　　　　　　　　　　表 1

序号	项目名称	地区	总投资（亿元）	运作方式	合作期（年）	项目公司承担的运营内容
1	东莞市某医院新院建设 PPP 项目	广东省	9.18	BOT+O&M	33	新建及存量院区的核心医疗服务
2	珠海市某医疗中心 PPP 项目	广东省	22.51	BOT	15	医院后勤服务
3	江门市某医院 PPP 项目	广东省	2.4	BOT	21	医院后勤服务
4	云南省红河州弥勒市中医医院迁建项目	云南省	4.3	BOT	30	后勤服务+医疗辅助服务
5	遵义市播州区妇幼保健院迁建 PPP 项目	贵州省	4.7	BOT	15	后勤服务
6	邢台市第一医院东院区新建项目	河北省	7	BOT	13	后勤服务
7	建德市第二人民医院迁建工程	浙江省	2.5	BOT	10	广告牌等广告资源经营

其中，核心医疗服务主要指专业临床服务，后勤服务指医院保洁、食堂、停车场等非临床服务，医疗辅助及供应链服务等可归纳为临床支持服务[8]。

2.3　数据收集

本研究的数据收集主要包括以下四个途径：途径一，本研究团队直接参与本项目的

PPP 准备工作，或到样本医院进行实地考察与调研访谈，获得特许经营协议（或 PPP 合同）、实施方案、相关文件与草案等；途径二，从中国财政部 PPP 综合信息平台项目管理库公开获取的项目资料（包括但不限于 PPP 项目合同、实施方案等）；途径三，有关样本案例的公开发表的学术期刊文章；途径四，公开的有关样本案例的新闻报道和多媒体资料等。当项目数据在不同获取途径之间存在矛盾或偏差时，数据选取的优先级设置为途径一至途径四依次递减，数据选取途径一的优先级为最高。

3　主要问题识别

首先，对所选取的 7 个案例资料进行整理分析，列出每一个案例中出现的主要问题事件，然后从中提取所识别的主要问题，如表 2 和表 3 所示。

主要问题的提取过程　　　　　　　　　　　　　　　　　表 2

序号	项目名称	项目遇到的问题事件	问题识别
1	东莞市某医院新院建设 PPP 项目	本项目合作范围包括新院建设及存量园区的运营管理，涉及社会资本介入医院管理及医院现有几百名职工的安置问题。 地方政府在项目前期论证、PPP 准备阶段未就安置方案充分征求医院职工意见，导致项目 PPP 实施方案虽已通过相关部门审核，但遭到了医院职工的强烈抵制，导致地方政府出于维稳考虑，暂停 PPP 项目实施。 本项目社会资本拟介入公立医院核心医疗服务，且为发挥社会资本的运营管理效率及资源导入成效，回报机制设置为合作期内使用者付费，地方政府不承担可能的亏损补偿及付费义务。虽然这种机制设计有效地控制了政府的支出责任风险，但也有相关部门指出，社会资本需要在特许经营期内通过公立医院经营最大化收益从而实现投资回报，可能会与公立医院公益性的原则存在矛盾	（1）人员安置问题 （2）公立医院公益性原则与社会资本逐利性的矛盾问题
2	珠海市某医疗中心 PPP 项目	本项目为新建项目，且在项目立项之前，尚未确定项目的使用单位及运营管理单位，因此缺少使用单位对项目的功能提出详细的需求，导致前期工作深度不够，项目的投资估算、设备选型等内容不明确，为 PPP 准备工作带来了困难。 根据本项目的实施方案设计，在运营期内社会资本仅参与医院的后勤服务等运营维护内容，项目的回报机制为政府付费。虽然政府付费与项目的运营维护绩效有一定程度的挂钩考核，但由于财政部门、审计部门对政府付费类 PPP 项目的政策要求发生变化，导致本项目中政府的支出责任可能被认定为政府债务，地方政府从防范政府债务的角度考虑，暂停本项目 PPP 的实施	（1）前期工作深度不够 （2）政策不完善

序号	项目名称	项目遇到的问题事件	问题识别
3	江门市某医院PPP项目	根据PPP相关政策，政府或其指定的有关职能部门或事业单位可作为项目实施机构，负责项目准备、采购、监管和移交等工作[5]。但在实际操作中，事业单位作为实施机构往往不如政府职能部门作为实施机构的协调力度大。例如，本项目为公立医院改扩建项目，由医院作为实施机构牵头负责开展项目识的前期工作，该公立医院是地方卫生部门的下属事业单位，其作为实施机构协调各上级行政部门的工作难度较大，在一定程度上耽误了项目的进度，造成项目前期工作耗时约两年。 本项目回报机制为可行性缺口补助，其中地方财政仅承担部分补助投入，剩余大部分可行性缺口补助资金由医院承担。在当前公立医院实行药品、耗材零差价的医改政策背景下，公立医院盈利能力有限，公立医院承担的可行性缺口补助的支付责任与市场需求直接相关	(1) 政策不完善 (2) 市场需求不足
4	云南省红河州弥勒市中医医院迁建项目	本项目为财政部第二批次国家示范PPP项目，政府方和中标社会资本方于2016年6月已签署PPP项目合同。根据方案及PPP项目合同设计，社会资本参与中医院核心医疗服务管理。 2018年云南省财政厅发函要求项目整改，文件认为由社会资本全面负责公立医院的核心医疗服务，可能存在公立医院公益性原则与社会资本逐利性的矛盾问题，而且尚没有相关上层法律文件对此类问题进行确认。为维护公立医院公益性，云南省财政厅建议核心医疗服务不得包含在医院类PPP项目的特许经营范围内，医院核心医疗服务收入不得纳入项目公司收入范围。之后合同双方以签订补充协议方式按要求完成整改	(1) 公立医院公益性原则与社会资本逐利性的矛盾问题 (2) 政策不完善
5	遵义市播州区妇幼保健院迁建PPP项目	本项目在招标期间，由于区域规划调整，导致项目方案出现较大变化，预计增加的投资额超过原预算投资的35%，项目需要重新立项，因此，本项目于2018年5月发布废标公告	(1) 前期工作深度不够 (2) 工程成本超支
6	河北省邢台市第一医院东院区新建项目	本项目为扩建项目，项目公司仅承担本项目的投资、建设以及后勤方面的运营维护，不参与医院核心医疗相关的服务。根据本项目的PPP实施方案，将医院方作为物业的使用方，设定本项目的回报机制为使用者付费，根据项目中标公告，医院在10年运营期内每年需要支付8994万元基于物业使用的费用，以及399万元后勤服务费用。 由于是使用者付费的回报机制，医院方的经营盈余是这笔费用支出的资金来源，但根据测算，当地就医的市场需求存在一定的不确定性，可能会带来费用支付的风险	市场需求不足
7	建德市第二人民医院迁建工程	本项目为新建项目，项目公司仅承担本项目的投资、建设以及广告资源方面的经营，甚至不参与医院后勤等非核心医疗服务，几乎完全不介入医院的经营管理。项目公司在合作期内，对医院的广告资源享有特许经营权，项目公司的收入来源包括广告经营收益和政府支付的可行性缺口补助，因此广告经营方面的市场需求风险对项目公司的收益将产生一定影响	市场需求不足

4 主要问题分析及管理策略

4.1 人员安置问题

当公立医院 PPP 项目合作范围包括存量医院的运营管理，且社会资本介入核心医疗服务时，医院现有人员的安置问题就会成为影响项目成败的关键问题之一。若社会资本全面负责医院的经营管理，社会资本将会在医院的决策体系、人事制度、激励制度及财务制度等核心管理制度方面做出一定程度的改革，提高管理效率，起到提质增效的作用，通常也会影响到医院部分现有职工的岗位及职责安排，处理不好则容易引起现有职工的抵制。如在表 2 的案例 1 中，地方政府在项目前期论证、PPP 准备阶段未就安置方案充分征求医院职工意见，导致项目 PPP 实施方案虽已通过相关部门审核，但遭到了医院职工的强烈抵制。

针对这个问题，可考虑两种策略：一是以政府为主导的管理策略，另一个是以社会资本为主导的管理策略。以政府为主导时，建议在项目前期论证、PPP 准备阶段充分征求医院职工意见，制定完善的人员安置方案以最大化保证现有职工的利益，并在 PPP 采购文件及 PPP 合同中明确有关的人员安置要求。以社会资本为主导时，政府可以先与医院职工充分沟通，并明确人员安置基本原则，再通过竞争性程序选择社会资本后，由中选的社会资本与医院职工进行洽谈，制定人员安置及补偿细则，政府可以要求社会资本在一定期限内完成人员安置及补偿细则的签订，否则 PPP 合同不予生效。

4.2 公立医院公益性原则与社会资本逐利性的矛盾问题

由于我国公立医院主要承担居民基本公共医疗服务，医院经营收入不得用于分红，只能用于医院自身发展，而且地方财政需要保证对公立医院的投入，而社会资本参与 PPP 项目需要收回投资并获得合理的回报。因此，部分地方政府担心若由社会资本参与公立医院的核心医疗服务管理，公立医院公益性原则与社会资本逐利性之间可能会存在矛盾，目前虽然没有相关上层法律文件对此类问题进行确认，但部分地区建议核心医疗服务不得包含在医院类 PPP 项目的特许经营范围内，如表 2 的案例 4 所示。

由于目前没有明确的上层法律文件对此类问题做进一步的明确，因此原则上公立医院 PPP 项目中，社会资本可以参与非核心医疗服务，也可以在保证公立医院公益性原则的基础上，参与核心医疗服务[8]。在社会资本参与公立医院核心医疗服务管理的情况下，可以通过设置严格的资金管理办法、院务管委会决策制度及绩效考核体系来进一步保证公立医院的公益性，并通过引入社会资本的管理经验及行业资源，提高公立医院的经营管理和技术水平，使得社会资本的投资收回及合理回报是建立在提质增效的基础上而实现。

4.3 前期工作深度不够

医院项目的功能需求比较复杂，不同于一般市政项目，若前期工作深度不够，在 PPP 准备阶段很难清晰地界定对社会资本的一系列要求，如：投资控制要求、进度控制要求、运营管理界面及职责划分等。而且，由于前期工作深度不够，很可能导致项目在建设过程中出现大量设计变更，造成工程成本超支或者工期延误等问题。

因此，在医院 PPP 项目社会资本采购之前，建议完成项目的初步设计，使得项目前期工作达到一定的深度，明确基本的功能需求。

若没有条件在社会资本采购之前完成初步设计，可以采用竞争性磋商等两阶段招标方式，先邀请意向社会资本提交投资、建设及运营管理方案，通过多轮磋商，将项目功能需求进一步明确并尽可能稳定下来，再进行第二轮的报价竞标。

4.4 政策不完善

自 2014 年财政部开始在基础设施与公共服务领域推广 PPP 模式以来，关于 PPP 项目的入库条件及绩效考核要求的政策一直在变化[18~20]，缺少系统性的顶层设计，导致很多 PPP 项目合同中的条款与最新的政策文件要求可能存在矛盾，给地方政府和社会资本的合作带来一定程度的麻烦，而且可能影响项目的融资到位。如表 2 的案例 2，由于财政部门、审计部门对政府付费类 PPP 项目的政策发生变化，导致本项目中政府的支出责任可能被认定为政府债务，地方政府从防范政府债务的角度考虑，最后暂停本项目的 PPP 实施。

4.5 市场需求不足

医院 PPP 项目的市场需求主要指医院的就医人数、门诊量及住院率等需求情况，一般情况下医院的市场需求与医院有效覆盖人口数、医院知名度、交通便利性、医院技术水平、收费水平等方面有关系[21]。同时，医院的就医市场需求也会直接影响医院的停车场、广告资源等可经营性资源的市场需求及价值。

在医院 PPP 项目中，对项目公司而言，其承担的运营管理服务内容不同，所需要承担的市场需求风险也不同，根据目前国内落地的大部分医院 PPP 项目合同约定的情况，若项目公司不介入医院的核心医疗服务，则基本上不需要承担医院经营的市场需求风险，仅需有效把控停车场、广告资源等市场需求风险

即可。

对政府方而言，若由于医院的经营不善或其他原因导致门诊量等市场需求明显低于预期，则可能导致医院经营结余不足以按约定足额支付 PPP 项目公司的费用，需要地方财政另外安排预算从而保证财政对基本公共医疗服务的投入，可能会增加财政负担。

4.6 工程成本超支

工程成本超支是工程项目中常见的问题之一，采用 PPP 模式通常可以有效地降低工程成本超支这一风险[22]。但在新建医院 PPP 项目中，若没有明确的使用单位针对项目功能提出详细的需求，则很有可能在项目建设阶段发生大量的设计变更从而导致工程成本超支的问题，如在表 2 的案例 5 中就发生此类问题。

在项目准备阶段，若没有使用单位针对项目的功能提出详细的需求，行业主管部门（通常作为本 PPP 项目的实施机构）可聘请第三方顾问，从项目的运营管理角度，充分调研并提出详细的使用需求，从而指导项目的可行性研究及方案设计，某些情况下可由政府方完成项目的初步设计甚至施工图设计再进行社会资本的采购，从而降低工程成本超支的风险。

5 结论

PPP 模式是一种经过国外医院领域和国内市政公用事业等领域实践检验的有效的合作方式。本文应用多案例研究方案，系统识别了公立医院 PPP 项目中存在的主要问题，包括人员安置问题、公立医院公益性原则与社会资本逐利性的矛盾问题、前期工作深度不够、政策不完善、市场需求不足及工程成本超支的问题。结合案例对这些问题进行逐一分析并给出相应的管理策略建议。

参考文献

[1] 财政部. 关于推广运用政府和社会资本合作模式有关问题的通知(财金〔2014〕76号)[S].

[2] 高鹏. 社会资本参与公立医院 PPP 项目存在的主要问题分析[J]. 市场研究, 2018(7): 28-29.

[3] 程哲, 王守清. 我国民营资本参与医院 PPP 的 PEST－SWOT 分析[J]. 工程管理学报, 2012, 26(1): 053-058.

[4] 卫生部, 中央编办, 国家发展改革委, 等. 关于印发公立医院改革试点指导意见的通知(卫医管发〔2010〕20号)[S].

[5] 财政部. 政府和社会资本合作模式操作指南(试行)(财金〔2014〕113号)[S].

[6] 全国 PPP 综合信息平台项目管理库. http://www.cpppc.org: 8086/pppcentral/map/toPPP-Map.do[EB/OL]. (2019).

[7] 陈龙, 贾建宇. PPP 医疗卫生项目"落地难"的原因及对策分析——基于"全国 PPP 综合信息平台项目库"公开资料的分析[J]. 经济研究参考, 2017(13): 51-56.

[8] 贾康, 孙杰. 公立医院改革中采用 PPP 管理模式提高绩效水平的探讨[J]. 国家行政学院学报, 2010(5): 70-74.

[9] 李丽红, 田婧, 张艳霞. 公立医院 PPP 项目投资回报机制研究[J]. 建筑经济, 2017, 38(12): 61-65.

[10] 刘炎燃. 新建公立医院 PPP 融资模式存在问题与对策探析[J]. 现代营销(经营版), 2019(1): 128.

[11] TSUI A S. Taking Stock and Looking Ahead: MOR and Chinese Management Research[J]. Management and Organization Review, Cambridge University Press, 2007, 3(3): 327-334.

[12] EISENHARDT K M. Building Theories from Case Study Research[J]. Academy of Management Review, 1989, 14(4): 532-550.

[13] 宋金波, 宋丹荣, 孙岩. 垃圾焚烧发电 BOT 项目的关键风险: 多案例研究[J]. 管理评论, 2012, 24(09): 40-48.

[14] 牛耘诗, 褚晓凌, 冯珂, 等. 国际 PPP 项目争议成因及对策分析——基于多案例研究[J]. 建筑经济, 2018, 39(9): 59-63.

[15] 杜亚灵, 柯丹, 赵欣. PPP 项目中初始信任对合同条款控制影响的多案例研究[J]. 管理学报, 2018, 15(3): 335-344.

[16] 徐雅倩. 城市公用事业中 PPP 项目何以成功——基于国家 PPP 示范项目的多案例分析[J]. 行政与法, 2018(10): 19-29.

[17] 严玲, 崔健. 城市轨道交通项目 PPP 模式交易方式选择的多案例研究[J]. 科技进步与对策, 2011, 28(13): 110-115.

[18] 财政部. 关于规范政府和社会资本合作(PPP)综合信息平台项目库管理的通知(财办金〔2017〕92号)[S].

[19] 财政部. 关于推进政府和社会资本合作规范发展的实施意见(财金〔2019〕10号)[S].

[20] 财政部. 关于梳理 PPP 项目增加地方政府隐性债务情况的通知(财办金〔2019〕40号)[S].

[21] 许崇伟, 沈俊学, 邓光璞, 等. 医院门诊量影响因素及预测方法[J]. 医院经济运营, 2015, 34(3): 74-75.

[22] WORLD BANK. Public Private Partnerships: Reference Guide[R]. New York: 2014.

21 世纪海外大型基建工程项目
所面临的机遇与挑战

李　超　陈　健　余立佐

（中国港湾工程有限责任公司，中国香港）

【摘　要】　21 世纪海外大型土木工程设施项目的建设与中国内地大型项目相比具有显著的不同点。本文作者基于近 20 年来的海外工程实践，对这些不同点进行理性分析与梳理，总结出了四个主要方面：第一，技术方面的进步，与计算机方法的应用对于设计与施工带来的挑战；第二，设计与施工界面的问题以及设计中的质量安全和环保的问题；第三，对国际技术规范的理解、应用以及对于工程设计、施工所带来的影响；第四，合约及技术问题与商务、合约、法律等专业的相互交叉影响的问题。本文主要依托香港振华工程有限公司在中国香港地区和海外多年项目实施的经验，以大型基建工程项目为例，在探讨这些新特点的同时，希望提出一些改进型建议，以帮助大型内地基础设施建设企业思考如何运用新的技术与香港地区的经验，组建有效的全过程项目管理团队以在国际工程项目特别是"一带一路"国家与地区的工程项目建设中取得更大的成功。

【关键词】　国际基建项目；设计变更；填海项目；一带一路；建筑标准；全过程项目管理；基于性能的设计

CHALLENGES AND OPPORTUNITIES FOR LARGE SCALE OVERSEAS INFRASTRUCTURE PROJECTS

Chao Li　Jian Chen　Lapchu Yu

（China Harbour Engineering Company Ltd，Hong Kong SAR，China）

【Abstract】　Comparing with large scale infrastructure projects in mainland china，overseas infrastructure projects has some salient differences. Based on the overseas projects experience in the last two decades，the authors analyze such differences and have sort out the differences from four major perspectives. Firstly, technology advancement particularly the application of computer methods and their influence to both design and construction process; secondly, the interface between design and construction such as the quality, safety and environmental issues associated with design; thirdly, the application of main stream building codes and implications in engineering design and construction; fourthly, contractual and technical issues in connection with commercial and legal perspectives. This article explored these characterizes primarily based on projects experience in Hong Kong and overseas with suggested improvements on lessons learned, in order to help construction enterprises in mainland China to have competitive tender strategy and high efficiency project management team in achieving the ultimate goal of greater success in projects overseas.

【Keywords】 International Infrastructure Projects; Design Change; Reclamation; Belt and Road; Construction Standards; Life Cycle Project Management; Performance Based Design

1 研究背景

土木工程建设领域长期以来已经被视为"传统行业"。所谓传统行业，其特点是内容与形式保持长期的连贯性，且对于新技术的应用较为迟缓。这种观点在 20 世纪 90 年代以前具有相当的普遍性，并能够基本反映行业的特征：设计工程师主要基于自己长期的设计和施工的经验，根据各个工程的不同的地质情况和边界条件进行设计。施工方主要按图施工，在有需要时与工程师沟通进行设计变更。

在内地工程界，设计方与施工方沟通较顺畅，双方通常具有高度的合作精神，设计变更相对较为简单。在海外工程项目中，业主、设计与施工各方责、权、利虽然基本一致，往往因情况而异可以存在较大的分歧。尤其在施工项目遭遇困难时，各方通常首先考虑自己作为利益主体的利益保障。由于各方对于风险、机遇以及法律责任的把握不尽相同，在项目执行过程中，各方之间可能产生较大的矛盾。设计变更也因此变得日益困难和复杂。往往在任何设计变更之前，合约责任与经济利益需先行协调。而一旦出现责、权、利不清晰的情况，设计变更就会呈现出相对复杂的情况，甚至导致变更得不偿失。

针对这种趋势，施工总承包商势必应转变思维，结合实际情况，在不损害自身利益的前提下，为整个工程项目的顺利完工创造条件，而不是好心办了坏事情，如果最终变更未被认可，最终甚至不得不承担严重的商务后果。本文作者以此为契机，对国际工程项目的新趋势进行了深刻的探索和思考，期待以一种新的角度揭示当前海外大型项目某些新特点，并为深入探讨此类问题提供一个新的切入点。我们期待这里的反思也可以为国有大型企业在"一带一路"国家开展业务提供借鉴。

2 技术领域的进步与发展

2.1 科学计算（尤其是有限元方法）的发展及对土木工程领域的影响

在 20 世纪七八十年代以前，计算机技术尚未得到普遍应用，计算机方法的使用虽然已经开始，仍然主要处于附属的、辅助性的层面。国内外主要工程项目均采用手算等传统设计方式为主：即工程师依赖长期形成的各行业计算理论公式与经验公式进行设计，仅在比较关键的部分采用计算机方法。进入 21 世纪以来，针对大型基础设施项目，在设计公司中出现了手算与电算同步进行，而以手算为主的新的趋势。一个设计公司如果能够有效地运用科学计算的工具与手段，可以克服手算过程的限制，在节约成本的方面更进一步，进而提高整个项目的经济效益。本文作者所常用的设计软件包括结构工程方面的 SAP2000、ETABS、MIDAS 以及岩土工程领域的 PLAXIS 2D/3D、FLAC2D/3D 以及大型科学计算软件 ANSYS、ABAQUS、LS-DNYA 等。这些计算方法的出现与广泛使用给设计与施工单位带来了前所未有的挑战。这些挑战主要包含以下两个层面。

1. 新方法与传统计算方法兼容性的问题

目前国际工程项目主体依然采用依规范为主导进行设计的情况。虽然目前的国际规范已经对于计算机方法兼容性方面有了长足发展与进步，到目前为止仍然没有唯一确定的解释方法。因此在具体运用新方法的同时，必须清楚理解，所从事项目的国家与地区对于数值分析方法的接受程度，避免误判。以香港地区为例，香港地区要求对可采用的计算机分析方法进行预先审核，如果某一种软件不在政府许可的列表范围之内则无法在项目中直接运用。

土木工程领域新的计算方法，以有限元方法为例，一般基于整体性的、精确的力学分析尤其是应力分析。这些新兴的计算方法在使得设计工作更加精确与完善的同时，通常可以带来成本节约。但与此同时，如何考虑输入输出各参数的问题以及如何适用安全系数和控制风险与不确定性的问题，则直接影响新方法的适用性。这方面的考虑在各个国家、地区甚至具体到个别设计单位与各人都有所不同。

2. 新兴方法与传统规范的兼容性问题

本文作者们在长期的工程实践中，应用了英国、美国、欧洲、日本、中国香港地区以及各种专业学会（ASCE，ICE 等）等各种规范。目前美国规范已经向基于性能的设计（Performance-based Design）转变，这种设计理念允许高水平的专业人员和专家，通过复杂的方法，运用最新的科学计算和仿真技术对施工活动进行创新。然而相对而言，英国和中国香港地区规范在这一方面则更加谨慎。欧洲规范与英国规范相似，但是其应用程度因各国而有差异。日本规范类似于美国规范，对于新材料、新技术和新方法所持态度较为开放。这些规范的细微差别，本文虽然无法展开详谈，国际承包商在设计优化中应该充分理解工程具体项目的规范情况，以及一个规范在一个地区的执行情况（如欧洲规范在中国香港地区的执行和解读均处于较保守的范围内）。如果对于规范的理解和执行环节出现误判有可能对于项目的执行产生严重的后果。

2.2 BIM 数字建造等技术的影响与挑战

近年来 BIM 技术在土木工程领域的应用日益成熟，并取得了长足的进步。当前 BIM 的应用不仅仅提供了三维的物理模型，更为工程管理提供了详细的数据库，从而为全过程项目管理提供了必要条件。运用 BIM 技术，施工过程的方方面面都可以应用三维的仿真的信息。施工过程可以直观地体现，施工进度也可以更有效地控制，进而全过程的数字建造成为可能，综合成本分析以及施工过程优化变得更加便利。时至今日，BIM 技术的应用早已经不再可有可无，它代表了土木工程领域的一场深刻的数字化变革，工程项目的各个组成成分已经不再是孤立的个体，技术、施工、合约、计划、商务、变更、资产管理等诸多方面的管理者与专业人士需要更加频繁的互动，而业主也可以获得技术进步带来的更大便利。这一趋势同时也给施工管理和技术管理带来了前所未有的挑战。

基于上述原因，由于新技术的大量使用，本文作者认为目前的土木工程领域，已经不再是一个简单的传统行业。土木工程行业正在消化大量的新技术，并且还要进一步面对更新的挑战，包括 3D 打印、物联网、人工智能和大数据等挑战与机遇。施工单位如果能够尽早掌握这些新技术，就能够在日益激烈的市场竞争中建立优势；如果一味因循守旧，则难免落后于时代发展甚至有可能丧失自身原有的优势，甚至有可能在激烈的市场竞争中败下阵来。

3 设计与施工界面的质量、安全、环保问题

香港地区自 20 世纪 70 年代以来即成为亚洲地区最重要的技术设计中心。目前在香港从业的设计咨询公司，包含了世界上大部分的大型咨询公司如 AECOM，ARUP，ATKINS，Arcadis，CH2M（以前的 Halcrow），Jacobs，WSP，Parsons 等。各咨询公司在香港地区的分公司都依照香港地区的制度运作，重点在于设计公司自身的风险控制与创造利润。在通常情况下，设计单位并没有直接的动力为工程施工过程进行充分、细致的考虑，对于承包商而言，这一点需要得到充分注意。

香港地区工程界与各类工程相关的专业学会的有识之士也意识到了这一地区特点，并试图进行改变。但是由于香港地区设计实践长期以来已经积重难返，任何实质性的改变都将旷日持久。因此作为大型承包商，通过竞标所赢得的项目，其工程设计通常都相对保守。其中最保守的因素之一在于可执行性不足，即设计本身未能充分反映施工过程的难易程度。这一点同样可以追溯到一个设计施工交接面的问题。在欧美等西方社会，由于土木工程领域的高度专业化与精细分工，目前出现了设计与施工经常相对分离的现象：设计工程师往往未必了解清楚施工过程中所面临的挑战与困难；施工方难以按图施工。与此同时欧美国家以安全至上的角度，对于工程（包含临时工程）通常采用较高的安全系数。这又成为设计者所不得不考虑的关键因素。

在欧洲与美国，由于设计公司的工程师相对资深、平均年龄较大，各公司都有一批经验丰富的资深工程师，同时工程设计与施工的节奏较慢，超大型工程经常有着十几年的设计和施工期。因此，设计的方面会有反复的论证。在这个角度上，这个原本严重的设计、施工脱节的问题得到了缓解，甚至可以基本消除了，最终确保了工程的质量、安全和环保的合规要求。

但是在中国香港地区和亚洲（日本以外）的其他地区，咨询公司的设计人员从业时间平均较短，且有着十年工程经验的工程师已经可称为资深工程师。许多具体的设计工作常常由仅仅五年以下经验，甚至只有两三年经验的年轻设计者完成。同时业主为争取项目早日投入运营，预留给设计公司的时间通常非常有限。因此，许多大型基建的初步设计是在几个月之

内完成的。而这些初步设计出炉以后，时常出现自相矛盾之处，这些矛盾的出现可以说给项目按时完工提出了严峻的考验。

中国港湾在香港地区一直对于大型项目都设有专门的设计管理部门。近期更组建了技术部，集中公司的技术力量，从投标开始到项目执行初期对各类技术问题，逐一研究，力图发现所有的矛盾点，保证投标工作有理有据，以及在项目管理过程中不至于落入窠臼。在大型项目的执行过程中，中国港湾的技术人员，担当起了关键的角色，一方面查漏补缺，与业主设计方紧密沟通，尽力消除可能的设计缺陷。在另外一方面，针对各技术问题，充分考虑企业本身的施工能力，提供全方位的技术支持。同时技术部同样与商务部及质量安全与环保监督部的同事一起，对于变更情况做好记录，保证在日后的工作过程中，有理有据，以充分捍卫承包商的合法权益。

4 对国际技术规范的理解、应用以及对于工程设计施工所带来的影响

4.1 法律框架和法制精神

香港特别行政区的法律制度在整个亚洲乃至世界都属于最严谨健全的地区之一[1]，香港地区的工程实践对于东南亚、中东乃至"一带一路"地区都有着深远的影响。长期以来遵守法律已经成为香港市民的共同认识。相应而言的香港工程师在从业过程中的设计、施工、管理各个环节均以法律和合约为准绳。这一点导致香港地区的工程师设计有着非常鲜明的特点，整体的技术方案趋向追求稳健与安全。

香港地区的技术规范主要应用英国和欧洲规范和标准，其次在应用设计标准的同时，在香港地区存在一个严格的报批、审核和监督管理系统。以上二者的共同作用长期以来形成了

香港地区市场严格、规范的特点，体现了香港地区的法制精神。应该说这种精神长期以来保证了香港地区基础设施建设的质量与安全，在香港地区的住宅楼有很多超过三四十年的楼龄的房屋，仍然保持完好使用状态。香港绝大多数的基础设施，如香港地铁、香港机场以及道路桥梁都保持了极高的运营水准。其中中国香港地铁基本上属于世界上唯一盈利的地铁管理机构。而中国香港机场的运营也长期被列为世界前列。

4.2 案例法的特点以及对于工程设计的影响

香港地区的法律系统长期以来采用英国普通法（Common Law）的体系，该体系非常重视案例的作用；香港合约法主要属于案例法的范畴[1]。与此相关联的是，香港工程界同时也培养了长期以来要求先例的做法。在具体操作的流程中，香港地区业主和工程项目的主导者与各个环节的负责人很少接受香港地区以外的案例。许多在中国内地、美国、欧洲大陆、英国、日本等地区的工程案例都必须经过特殊的审核程序才有可能在香港采用。

要求先例，无疑对于维护公共安全是一个有利的因素。但是在另外一个层面也极大地制约了想象力和创造力。香港地区的从业人员在从事香港的建设项目时，往往受限于各种非工程因素的影响，难以自由发挥创造力。这也导致了香港建造市场价格昂贵的特点。其后果之一：中资大型企业许多先进的技术设备和在其他地区非常成熟的技术方案，都无法在香港地区直接使用。而推广任何新的施工工艺都需要至少3~5年甚至更久的时间。因此中资企业必须深入了解香港地区的行业规范，认识到哪些新工艺可行、哪些暂不可行、哪些虽可行又需要补充资料及何种资料。

中国港湾（香港）扎根香港市场已经 37 年，在这方面长期以来积累了丰富的经验，正是这些经验使得公司近年来在大型基础设施的投标工作中脱颖而出，连续赢得了港珠澳大桥香港口岸人工岛项目（约 80 亿港币）、香港国际机场第三跑道填海工程（约 152 亿港币）以及香港综合废物处理工程第一期（约 311 亿港币）等大型工程项目。

从另外一个角度思考案例法的影响，这一点挑战也恰恰可以成为大型国有企业的机遇，在发达地区（Developed Country/Region），大型的承包商应该有魄力对于新技术进行投资，这种投资不仅包含资金和人才的投入，更包括长时间的准备，包括为推广新工艺而进行的必要科研、论证与沟通交流工作。事实上，有大量的工艺，其出发点在于解决实际工程问题，在中国内地属于以经验为主的技术（如挤密沙桩技术文献[2]），其工程设计仍然依照国外的规范执行。如果承包商肯花更多时间对这些工艺进行梳理总结，再进行更加深入的研究论证，如文献[1]所做到的那样整理、研究，则不仅仅有利于工艺的推广，同时可以帮助这些工艺本身在系统化、标准化与质量控制方面更上一层楼，从而推动整个行业的进步。

如果大型国有企业可以充分利用这样的机遇，必然可以在未来的全球基建技术竞争中取得先机，树立起负责任的、可持续发展的企业形象，不仅仅可以获得未来的利润，更能够为人类的进步与发展贡献自己的力量，通过优质的服务，节约公众与社会资源，使得政府和业主可以把节约下来的资金放到环保和扶贫、打击犯罪等可以促进人类幸福的事业上去。

5 全过程工程管理、投标策略及合约问题

在目前的国际市场，对全过程工程管理（包含项目的规划、投资、采购、招标、建设、运营等整个项目的全部阶段）的需要越来越密切。业主不仅仅关心项目的设计和施工过程，更关注项目在使用阶段是否能够发挥所预想的作用。

大型基础设施的主体通常为各个国家或地区的政府。以香港地区为例，为控制风险，香港特区政府在不同类型的项目中采用多种不同的合约形式和采购模式。承包商需要深刻了解业主采购运营等方面的综合需要，进而能够充分了解履约风险，制定合适的投标策略才能避免损失。在香港地区，建筑工程的业主本身往往不是专业设计单位，业主通常会聘请设计公司编写专用工程规范（Particular Specification）。由于以上提到的，设计人员进行设计的时间非常有限，也没有充裕的时间把专用工程规范写得非常完善。在某些情况下，设计人员只负责初步设计，由于其初步设计未必能够充分完成，他们时常将其未能在设计阶段解决的问题写入合约。这样设计的问题反而转嫁到总承包商身上。可以想见，这样产生的合约本身对于一个循规蹈矩的承包商具有某种天然的劣势。设计单位进行工程设计，同时编写合约，最后在承包商中标以后，又成为业主代表和工程监理。这种制度可以说赋予了设计单位同时担任了球员、裁判和球场经理三个职位的特殊地位。承包商风险控制和控制成本的能力因此大受限制。

与此同时，在以香港地区为代表的发达地区或国家中，关于大型基础设施项目建设的竞争已经日渐白热化。在整个土木工程建筑施工领域，低价中标的现象仍然难以避免。在这种情况下，投标单位在投标期间很难有资本与业主厘清义务、权利，投标者保障自己权利的空间也已经被过度压缩。在香港市场，超大型项目出现巨额亏损的情况已经屡见不鲜。个别大

型外资国际承包商，已经开始采用法律与投标相结合的手段投标。即通过精细研究标书找出合约漏洞，但是并不向业主澄清或者提示；在低价中标以后，这些承包商立即积极开展索赔工作，利用合约漏洞和法律程序，弥补低价的影响。这样的做法，虽然可以取得短期的利润，但并不值得鼓励，因为这类做法破坏了业主与承包商之间的基本信任，并且有可能使得整个建筑行业由于恶性竞争不断下行，出现一损俱损的恶劣情况。

中国大型基础企业在追求企业合理利润的同时，还需要密切注意维护中国的国家形象。因此在施工建设中，中国港湾为代表的大型国有企业始终把业主的根本利益放在最前面，而不会支持任何损害业主利益只顾自己利润的行为。但是中国大型基础设施建设企业如何在这样白热的竞争中取得优势呢？这个时候中国大型基础设施建设企业作为负责任的承包商，其选择就显得非常重要。作为行业的领导者，中国大型基础设施建设企业必须高瞻远瞩地承担责任，同时通过了解风险，在保障成本的情况下，为业主提供最大综合效益，进而强化和巩固市场形象。大型国企的涉外工程师需要综合掌握目前全过程工程管理的最新发展，了解业主所采用的合同模式，针对不同的风险制定有针对性的策略。深化与业主单位沟通，并且与相关利益方密切联系，建立起清新透明的企业形象，为业主和整个社会创造价值。

6 总结与展望

土木工程领域作为一个古老的领域，在21世纪已经出现了一些新的发展趋势。在一些海外大型项目中，由于设计单位对于设计的商业化，导致工程设计本身未能充分优化。中国大型承包商应该充分利用各种先进的技术武装自己，并且充分进行相关的研究和沟通工作，把企业在国内行之有效的施工技术整合梳理、再上层楼，形成自己的竞争优势。与此同时，中国大型承包商应该充分国际化，建立具有国际视野的高层次技术团队与项目管理团队；团队核心人员不仅仅应该熟悉国际规范，而且应该熟悉规范在各个国别的应用与执行的情况。这样的技术队伍本身同样应该能够跨学科发展，与商务、法律、质量、安全和环保部门一道，深入了解所执行项目的各种技术问题，要能够解读其中的矛盾与问题，并且转化劣势为优势，以最终顺利实现项目为目标，赢得业主和业主代表的信任，打造中国大型承包商的商誉和品牌。

参考文献

[1] 扬帆，等. 香港合约法精论[M]. 香港：香港大学出版社，2017.

[2] 时蓓玲，等. 水下挤密沙桩技术及其在外海人工岛工程中的应用[M]. 北京：人民交通出版社，2018.

地铁盾构施工安全影响因素及作用机理研究

陈辉华　李瑚均　户晓栋

（中南大学土木工程学院，长沙　410075）

【摘　要】为了系统识别地铁盾构施工过程中安全影响因素和剖析安全影响因素的作用机理，本文综合应用文献分析、案例分析和专家访谈系统识别了地铁盾构施工关键安全影响因素清单，基于"人-机-材-环"安全管理范式，沿用链式事故致因思路，构建了安全影响因素作用机理模型，并基于此开展了实证分析。研究表明：本文系统识别的关键安全影响因素清单和安全影响因素作用机理模型可应用于具体工程实例，并科学指导安全干预措施的制定，达到控制安全事故的效果。

【关键词】盾构施工安全事故；安全影响因素识别；作用机理

Research on Safety Impact Factors and Action Mechanism of Subway Shield Construction

Huihua Chen　Hujun Li　Xiaodong Hu

（Department of Civil Engineering，Central South University，Changsha　410075）

【Abstract】In order to systematically identify the safety impact factors (SIMs) and illustrate the action of them during subway shield construction (SSC), this paper comprehensively identified the list of critical SIMs adopting literature review, case study and experts interview, constructed the action mechanism model of SIMs according to the view of line accident causation based on the safety manage paradigm of "human-machine-material-environment". Then a case study was carried out using the above-mentioned list and model. Result shows that the list of critical SIMs and action mechanism model proposed in this paper can be applied to specific cases, and scientifically guide the development of safety intervention measures to control safety accidents.

【Keywords】 Shield Construction Safety Accident；Safety Impact Factor Identification；
Action Mechanism

1 引言

地铁交通系统深埋在城市密集建筑区域地表下，隧道施工多采用盾构掘进技术，建造过程受多种复杂因素影响，加上我国盾构施工管理水平较低，地铁盾构施工安全事故发生率较高，给国家部门、建设企业和个人带来严重损失，社会影响恶劣。因此，解构地铁安全事故的形成原因进而提前制定安全措施等安全管理问题深入探讨显得尤其重要。

安全事故研究一直是学术界的热点问题，对于地铁盾构施工安全事故，学术界多以风险管理的视角开展盾构施工过程中的安全影响因素的识别研究，分析维度主要有勘察设计[1, 2]、施工技术[1, 3~5]、施工管理[5~8]、自然环境[1, 3, 9, 10]、地质条件[2, 3, 11]、邻近既有线[1]、邻近站场[9]、邻近建筑物[2, 11]、邻近河道[2, 11]等。综合分析以往研究成果可知：盾构施工安全因素的识别比较零散不系统；作为影响安全的重要因素人安全特性并没有被广泛讨论；且研究大多停留在安全因素的识别层面，针对安全因素是如何相互作用形成安全事故的研究较少。因此有必要开展地铁盾构施工安全因素系统识别与相互作用机理的研究工作。

基于上述原因，本文首先综合运用文献分析、事故案例分析和专家访谈系统识别地铁盾构施工安全影响因素，然后基于"人-机-材-环"理念构建了不同属性的地铁盾构施工安全影响因素相互作用模型，最后选用 X 项目开展了实证分析。研究成果将有助于盾构施工安全管理人员认知安全事故发生机理，提前设定安全干预措施，规避或降低盾构安全事故的发生。

2 地铁盾构施工安全影响因素识别

本文在构建的地铁盾构施工安全影响因素分析框架的基础上开展安全影响因素识别，识别流程如图 1 所示。

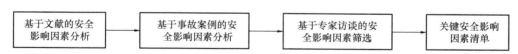

基于文献的安全影响因素分析 → 基于事故案例的安全影响因素分析 → 基于专家访谈的安全影响因素筛选 → 关键安全影响因素清单

图 1 地铁盾构施工安全影响因素识别流程

2.1 基于文献的安全影响因素分析

为了获得地铁盾构施工安全影响因素初始清单，作者检索知网平台，检索关键字为"盾构施工安全""盾构施工安全风险""盾构施工安全因素""盾构施工风险"。为了保证文章的权威性，文章来源限制为核心期刊和博硕论文。作者通过阅读文献摘要，最终确定 47 篇期刊论文和 13 篇博硕论文作为提炼安全影响因子的文献源。然后仔细阅读文章内容，经过分析、整理和归总，形成地铁盾构施工安全影响因子初始清单。

2.2 基于事故案例的安全影响因素分析

为了确定上述所提炼的盾构施工安全影响因素清单的实际可靠性，作者采用实际事故案例进行验证。通过查询国家及各地市住房城乡建设部门和安全监管部门相关网站和运用"百度""谷歌"等搜索对应的安全事故报告，最终收集到有效的盾构施工安全事故报告 43 份。然后仔细阅读事故报告，对初始清单中的各安全影响因素进行验证、筛选、扩充等初步处理，形成可供专家访谈的安全影响因素访谈清单。

2.3 基于专家访谈的安全影响筛选

作者选择 10 个地铁盾构施工项目，仅对项目经理和项目安全主管发送访谈问卷，要求他们给对应的安全影响因素进行重要度评级。所选项目的问卷访谈对象均有 5 年以上施工经验，且与作者团队合作关系密切，最终发放问卷全部收回。然后基于样本进行频率统计，以出现频率小于 20％ 为下限，最终形成地铁盾构施工安全关键影响因素清单，如表1所示。

地铁盾构施工关键安全影响因素清单　　　　　　　　　　　　　表 1

类别			安全影响
地铁盾构施工安全关键影响因素	环境安全影响因素	自然环境安全影响因素	复杂地层（淤泥地层，湿陷性黄土地层，饱和软黄土地层，砂地层，黏性土层），富水地层，孤石，有害气体，溶洞，地表水（江、河、湖、海等），地下水（上层滞水、潜水、承压水）
		人造环境安全影响因素	建筑物，构筑物，公路，铁路，桥梁，隧道
			地下管线（电、水、暖、气、油等），交叠隧道（上穿、下穿或平行）
		管理环境安全影响因素	安全规章制度不健全，安全教育不充分，安全组织不完善，安全预案未制定，现场安全检查不到位，安全投入不足
		施工作业环境安全影响因素	防排水设施配置不足，管片拼装中破裂，监测不充分，消防设施配置不足，有毒气体环境，盾构参数不合理，管片错台，盾体密封不足，注浆失效，盾构机姿态突变，盾构轴线偏离，基座、反力架和负环安装精度不高，加固、支撑和维护结构缺陷，管片安装不规范，降水设施配置不足，掌子面不稳定
	人员安全影响因素	管理人员安全影响因素	安全管理意识低，安全管理能力不足
		技术作业人员安全影响因素	技术作业水平不足，作业安全意识低
	机械设备安全影响因素		盾构主轴承破坏，刀片磨损变形，刀盘变形，刀盘结泥饼，土舱积泥
			管片安装机设备故障，螺旋输送机故障，盾构基座变形，反力架变形，盾构机壳体磨损，顶推系统故障，注浆设备故障，电器设备故障
			电瓶车故障
	材料安全影响因素		材料质量不达标

3 地铁盾构施工安全影响因素作用机理模型

地铁盾构施工安全事故是在各类安全影响因素的交互作用下逐渐发育和形成的，因此探究安全事故的发生应分析各类安全影响因素相互影响作用机理。事故致因理论为上述过程分析提供了理论基础：事故因果连锁理论、能量意外释放理论、轨迹交叉理论和系统观点的人主因失误理论为研究安全影响因素分析提供了不同思路。考虑链式事故致因理论可提供清晰的安全影响因素的作用关系而有利于干预措施的制定，本文沿用链式思路，基于"人-机-材-环"的安全管理范式，构建了各类安全影响因素的作用机理模型，如图2所示。

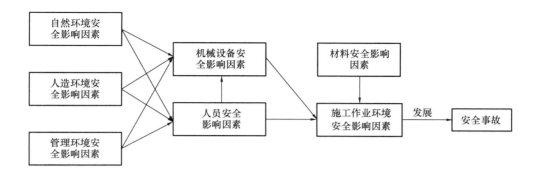

图 2 盾构施工安全事故影响因素作用机理模型

如图 2 所示，地铁盾构安全事故是环境、人员、机械和材料等安全影响因素的作用下产生的。自然环境安全影响因素、人造环境安全影响因素和管理环境安全影响因素共同作用影响机械设备安全因素和人员安全影响因素；施工过程中，机械设备安全影响因素、人员安全影响因素和材料安全影响因素相互作用、发酵和演化，导致施工作业环境安全影响因素形成和发展，其中人员安全影响因素对机械设备安全影响因素有影响（如：技术作业人员安全作业水平高，可以有效预防机械设备安全隐患）。当非安全施工作业环境达到一定的能量阀值以后，作用于施工过程中的作业人员，形成安全事故。对于盾构施工过程，由于盾构施工所处工况复杂而产生的安全控制难度大，该模型中强调了自然环境、人造环境和管理环境的综合影响作用，认为在地铁盾构安全管理过程中自然环境、人造环境和管理环境的同等重要性；同时，剖析了人员安全因素对机械安全影响因素的作用，强调了人员安全影响因素的重要性。

图 2 所示的安全事故影响因素作用机理模型是以基于安全影响因素的类属进行构建的，对于一个具体施工情景（比如盾构穿越复合地层），可按照以上模型思路构建具体各安全影响因素的致因模型，以表达在该情景下各安全影响因素如何相互作用导致安全事故的发生。

4 案例分析

4.1 案例概况

X 项目建设场地属填海区复合地层，原始地貌为滨海滩涂，现状为人工造陆场地，现状地形平坦，局部有起伏，现状地面标高一般 3.0～7.0m 之间，穿越鱼塘部位地面标高约 0.3m 左右。自上至下地层依次为填土（局部填石）、软土、中粗砂、黏性土、残积土和风化岩。总体上沿线基岩埋深较大，仅机场北站以北区间局部基岩凸起侵入隧道。液化砂土和软土主要分布于线路上部，少量零星位于隧道底。

4.2 区间关键安全影响因素识别

在上文识别的地铁盾构施工关键安全影响清单的基础上，结合施工区间的具体情况和专家分析，最终汇总本区间关键安全影响因素清单（表 2）。

X项目关键安全影响因素清单　　表2

类别			安全影响因素
X项目施工安全关键影响因素	环境安全影响因素	自然环境安全影响因素	复合地层
		管理环境安全影响因素	安全规章制度不健全，安全组织不完善，安全预案未制定
		施工作业环境安全影响因素	注浆失效、盾构参数不合理、掌子面不稳定、管片裂缝、超前加固失效、监测不充分、有毒气体环境、漏电环境
	人员安全影响因素	管理人员安全影响因素	安全管理意识低，安全管理能力不足
		技术作业人员安全影响因素	技术作业水平不足、作业安全意识低
	机械设备安全影响因素		刀片磨损、刀盘偏载、刀盘结泥饼、土舱积泥、液压系统漏油、螺通风设备故障、电器设备故障、监控设备故障

4.3 关键安全影响因素作用机理模型

该工程安全管理人员按照前文建构的安全因素作用机理模型，在识别的关键安全影响因素的基础上，构建了X项目的各关键安全影响因素的作用模型，分析了具体施工事故的发生机理（图3）。

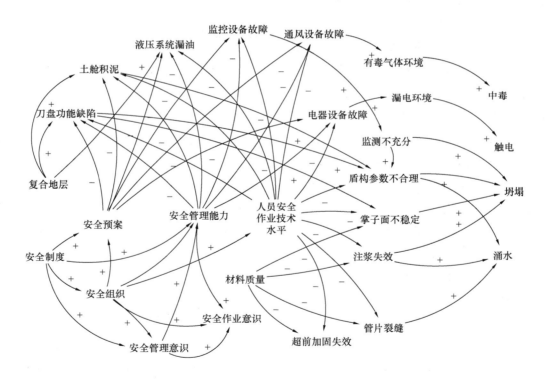

注：为了精炼，"刀片磨损""刀盘偏载"和"刀盘结泥饼"统用"刀盘工程缺陷"表示

图3　盾构区间关键安全影响因素作用机理

4.4 应用效果

基于上述的安全影响因素作用机理模型，该项目的安全管理人员采取了主要防护措施（表3）。

X项目安全管理人员采取的主要防护措施 表3

X项目施工关键安全影响因素		安全措施
环境安全影响因素	自然环境安全影响因素	超前混凝土注浆、增大勘察打孔密度、开展施工过程中勘测
	管理环境安全影响因素	规范安全规章制度和组织、编制充分可行的安全预案
	施工作业环境安全影响因素	严格按照技术规范控制施工作业
人员安全影响因素	管理人员安全影响因素	增大对安全管理人员教育
	技术作业人员安全影响因素	挑选技术水平高的工人、增大技术作业人员安全教育
机械设备安全影响因素		施工过程增大各施工机械设备的检查频次
材料安全影响因素		采购人员驻场监造、严格材料进场审查

通过采取对应的安全防护措施，该区间盾构施工地表沉降控制在标准范围内，未发生安全事故，段区平稳通过，并获得该市绿色工地和安全质量标准化示范工地。

5 结论

本文立足于地铁盾构安全事故，对如何更科学合理识别安全影响因素和相互作用机理等问题展开了深入理论和案例研究，主要结论如下：

（1）综合应用文献分析、案例分析和专家访谈系统识别了地铁盾构施工安全影响因素清单，可具体划分为：环境安全影响因素、机械设备安全影响因素、人员安全影响因素和材料安全影响因素。

（2）沿用链式安全事故致因机理，应用"人-机-材-环"安全管理范式分析了各类安全因素的相互关系，构建了地铁盾构施工安全影响因素作用机理模型。

（3）本文中系统识别的地铁盾构关键安全影响因素清单和安全影响因素作用机理分析框架可具体应用于地铁施工安全管理实践，帮助提前制定安全管理措施，达到要求的安全控制效果。

参考文献

[1] 林大涌，雷明锋，曹豪荣，等. 盾构下穿运营铁路施工风险模糊综合评价方法研究[J]. 铁道科学与工程学报，2018，15(05)：1347-1355.

[2] 魏纲，周琰. 邻近盾构隧道的建筑物安全风险模糊层次分析[J]. 地下空间与工程学报，2014，10(04)：956-961.

[3] 杨珍. 郑州地铁2号线区间隧道盾构施工风险管理研究[D]. 兰州交通大学，2015.

[4] 吴贤国，李铁军，林净怡，等. 基于粗糙集和贝叶斯网络的地铁盾构施工诱发邻近桥梁安全风险评价[J]. 土木工程与管理学报，2016，33(03)：9-15.

[5] 余学娇. 兰州轨道交通区间隧道盾构施工风险管理研究[D]. 兰州交通大学，2017.

[6] 赵雅云. 地铁盾构施工安全风险评价研究[D]. 石家庄铁道大学，2017.

[7] 高华军. 地铁隧道盾构施工风险管理研究[D]. 武汉理工大学，2013.

[8] 苟敏. 地铁区间隧道盾构施工风险管理研究[D]. 青岛理工大学，2014.

[9] 郑余朝，周贤舜，李俊松. 盾构隧道下穿高速铁路站场安全风险评估管理方法[J]. 地下空间与

工程学报，2018，14(02)：523-529.

[10] 曹振. 西安地铁盾构施工安全风险评估及施工灾害防控技术[D]. 西安科技大学，2013.

[11] 任建喜，杨锋，朱元伟. 邻近建筑物条件下西安地铁盾构施工风险评估[J]. 铁道工程学报，2016，33(07)：88-93.

专业书架

Professional Books

行 业 报 告

《中国建筑节能年度发展研究报告 2019》

清华大学建筑节能研究中心　著

《中国建筑节能年度发展研究报告》是在国家能源局、住房和城乡建设部、发展改革委的有关领导和学术界许多专家的倡议和支持下，由江亿院士主持，清华大学建筑节能研究中心等单位编写的年度报告。本书是对我国建筑节能领域的国情研究。已连续 13 年出版的报告对我国建筑能耗现状、节能潜力和主要任务做了详细分析，并通过案例归纳总结了对各种节能技术、政策适宜性和可操作性的评价，全面反映我国建筑节能领域的现象、问题、相关成果和政策建议。

2019 年版为北方城镇供暖节能专题，详细分析和阐述了适合我国的"清洁供暖"的发展路径，为打赢蓝天保卫战提供了重要的解决方案。

征订号：33684，定价：70.00 元，2019 年 3 月出版

《国外住房发展报告 2018》

沈絷文　温禾　主编

本书是亚太建设科技信息研究院有限公司（中国建设科技集团）接受住房和城乡建设部住房改革与发展司委托开展的课题研究。该成果以 2013～2017 年完成的课题研究为基础，补充了 11 个国家最新的统计数据；在"综述·专论篇"部分对国外住房现状和管理经验进行分析，并全面总结了国际住房租赁市场；在"国家篇"部分充实了各国住房发展的最新进展及最新的住房政策和机构变革；在"统计篇"部分横向对比了多国住房相关数据。

征订号：33808，定价：98.00 元，2019 年 4 月出版

《中国工程造价咨询行业发展报告（2018 版）》

中国建设工程造价管理协会　主编
武汉理工大学　参编

本报告基于 2017 年中国工程造价咨询行业发展总体情况，从行业发展现状，影响行业发展的主要环境因素，行业标准体系建设，行业结构分析，行业收入统计分析，行业存在的主要问

题、对策及展望等6个方面进行了全面梳理和分析。此外，报告还列出了2017年大事记、2017年重要政策法规清单、造价咨询行业与注册会计师行业简要对比等。

征订号：33142，定价：70.00元，2018年12月出版

《中国城市更新发展报告 2017—2018》

中国城市科学研究会　主编

本书主要对国内城市更新阶段性成果进行探索性总结，全书共分动态篇、城市篇、案例篇和附录4个篇章，并由仇保兴先生作序。"动态篇"一是对2017年城市更新年会的回顾，对仇保兴、王建国、沈迟、张杰等学者以及浙江省城市更新的经验总结；二是对近年来城市更新研究进行综述；三是总结2017年城市更新十大事件，并对南粤古驿道的保护利用进行介绍。"城市篇"重点对广州城市更新的政策、管理和实践进行调查分析、总结和归纳，进一步加强创新实践，积极推进老旧小区改造试点工作，探索可复制可推广的经验。同时对上海、深圳、杭州、佛山、台北等城市的更新进行分析概述和经验总结。"案例篇"针对国内外典型更新案例进行研究，主要是老旧小区改造、村落工业园改造和城中村改造等。"附录"收集整理有关城市更新的各类主要信息和相关政策法规，于书末尾，方便读者查阅。

本书适用于城市规划、城市管理、城市设计和建筑设计等相关专业的从业人员、政府工作人员阅读使用。

征订号：33073，定价：68.00元，2018年12月出版

《中国城市规划发展报告 2017—2018》

中国城市科学研究会　主编

本年度报告以贯彻落实党的"十九大"会议精神为出发点，紧密联系现阶段我国城市规划工作的重点领域和焦点、热点问题，以综合篇、技术篇和管理篇三个部分，汇总了一年来国内有关空间规划改革、城镇化、城市规划技术和城市规划管理等方面的优秀理论与实践研究成果，具体包括总体规划改革、"多规合一"与空间规划体系构建、城镇体系和城市群发展、国家中心城市建设、韧性城市安全防灾、人工智能和大数据对城市规划的影响、生态修复城市修补、城市设计与规划管理体系的衔接等热点问题的研究探索，以及控制性详细规划、城市规划历史及发展、城市规划社会过程研究、海绵城市规划、综合管廊规划等方面的研究成果，以期对各地城市规划管理制度建设、城市规划技术创新和应用提供有益的参考。此外，报告还介绍了一年来国家城乡建设主管部门在城乡规划管理、城乡规划动态监测与督察工作、风景名胜区与世界自然遗产规划建设管理、海绵城市、城市地下管线规划建设与城市设计等方面工作的开展情况。

征订号：32250，定价：92.00元，2018年7月出版

《中国建设教育发展年度报告（2018）》

中国建设教育协会　组织编写

刘　杰　王要武　主编

本报告是系统分析中国建设教育发展状的系列著作，对于全面了解中国建设教育的发展状况、学习借鉴促进建设教育发展的先进经验、开展建设教育学术研究，具有重要的借鉴价值。可供广大高等院校、中等职业技术学校从事建设教育的教学、科研和管理人员、政府部门和建筑业企业从事建设继续教育和岗位培训管理工作的人员阅读参考。

征订号：33916，定价：62.00 元，2019年 7 月出版

《中国工程建设标准化发展研究报告（2017）》

住房和城乡建设部标准定额司　住房和城乡建设部标准定额研究所　编著

本年度报告，分为发展改革篇、专题研究篇和重要标准篇，共六章。发展改革篇包括第一至四章。第一章结合数据分析了我国工程建设标准总体现状，重点介绍了 2017 年工程建设标准化管理与改革工作情况；第二、三章从标准化工作机构、管理制度建设、工程建设行业和地方标准制修订、工程建设标准实施与监督情况等方面，分析了 2017 年我国部分行业和地方工程建设标准化发展状况及相关研究工作；第四章介绍了 2017 年关于工程建设标准化改革的领导讲话和文章，进一步明确了工程建设标准化发展方向与改革重点。专题研究篇为第五章，该章摘录了 2017 年国外工程建设法规、制度的相关研究成果、部分行业工程建设标准国际化推广应用情况。重要标准篇为第六章，介绍了 2017 年发布的部分重要工程建设国家标准、行业标准地方标准、团体标准的制修订情况、主要技术内容等。

征订号：33331，定价：98.00 元，2019年 3 月出版

工 程 管 理

《港珠澳大桥岛隧工程项目管理探索与实践》

林　鸣　王孟钧　罗　冬　王青娥　著

港珠澳大桥是世界上里程最长、寿命最长、施工难度最大、技术含量最高的跨海大桥，岛隧工程作为"桥—岛—隧"工程集群系统中的控制性工程，技术难度大、社会关注高，建设条件十分复杂。

本书是港珠澳大桥岛隧工程在实践探索中的一些经验总结，详细讲述了"构建平台、风

险驱动、创新支撑、品质至上、以人为本"的岛隧工程管理精髓,为解决工程管理难题提供路径与方法,主要内容包括设计施工总承包、风险管理、技术管理与技术创新、品质工程与管理、HSE 管理、智能建造、项目文化建设等。

本书的出版,展示了港珠澳大桥岛隧工程管理精髓与全貌,为大型工程建设管理者提供了管理标杆与范本,为工程管理研究人员提供了研究思路和导向,将对我国大型工程建设管理,特别是总承包项目管理理论发展和水平提升起到极大推动作用。

征订号:33252,定价:98.00 元,2019年 1 月出版

《国际工程合约管理》
《国际工程市场开拓》
《国际工程造价管控》
《国际工程投资策划》
《国际工程风险管控》

丛书主编:吴之昕

本丛书作者均来自国内建筑类大企业,有数十年国际工程承包项目管理经验,在编写过程中系统地借鉴、总结了我国众多企业在国际工程项目管理方面的实战经验教训,以"从实战中来,到实战中去"为原则,同时特邀业内

著名行业专家对内容审核把关。

丛书突出与国际工程项目承包管理较密切的国际惯例的理解与运用,教材中的教学案例均来自国内各大工程承包企业,有很强的代表性和借鉴性。

丛书不仅介绍了国际工程项目管理的相关理论,更把理论与实际工作结合,将理论融入到各工作任务中,为读者提供了相应的管理流程、操作程序和操作示例,为国际工程商务人员提供了清晰、快捷的指导。

征订号:32825、32281、33028、32982、32834、定价:45.00~52.00 元,2018 年 10月出版

《城市社区商业体系建设研究与实践——绿城商业的实践探索》

朱　凯　汤婧婕　陈前虎　蔡　峥　编著

本书以社区商业为主题,上篇为理论(探讨)篇,从社区商业的概念发展、成长背景、观行情等多个维度进行了社区商业研究的必要性探讨,并在此基础上,研究梳理了先发地区的社区商业中心建设经验,结合当前不同城市已经开展的社区商业中心建设引导行动推进情况,提出适合我国国情的社区商业层级体系和空间布局模型;下篇为实践(探索)篇,以绿城社区商业的发展经验为蓝本,首先介绍了绿城社区商业发展形成的"品牌内涵"以及其成熟的社区商业"好街"品牌;然后结合理论篇对于社区商业体系的划分结论,解析了当前绿城不同层次的社区商业中

心配置标准，并选取了海宁百合新城、杭州杨柳郡和青岛理想之城三个案例阐释了不同层次社区商业中心的建设特色。并在此基础上，提出了今后社区商业中心的招商运营建议。

本书适用于房地产开发企业、政府规划部门以及相关专业的高校师生。

征订号：33590，定价：45.00 元，2019年5月出版

《家园之爱话匠心——四川省青川县未成年人校外活动中心建设纪实》

徐一骐　等　主编

本书为 2008 年"5.12"汶川大地震后数年间，极重受灾区青川县未成年人校外活动中心的援建纪实。未成年人校外活动中心是青少年思想道德建设及爱国主义教育场所，是对少年儿童开展校外教育的重要基地。该工程自 2009 年开始发起援建活动，至今已经 10 年了，书中记录了该援建项目从前期策划、立项、选址、设计、施工、竣工验收等环节，以及贯穿于项目建设整个过程工程筹款路遇的艰辛和 2015 年 6 月项目建成后延续至今的系列爱心活动，为我们展现了一幅祖国家园建设守望相助，苦乐之间、逆顺之间、家乡有情、人间有爱的故事画卷，也体现了"干在实处、走在前列、勇立潮头"的浙江精神，展现了一批爱心奉献、坚忍不拔、匠心筑梦的工程人、企业家、艺术家和园丁形象。

征订号：33561，定价：65.00 元，2019年7月出版

《契约、关系及机会主义防御——论建设项目治理选择》

骆亚卓　著

本书以建设项目业主与承包商之间的契约治理与关系治理为基础，拟通过对影响建设项目契约治理机制和关系治理机制的因素，两种治理机制之间关系，契约治理机制与关系治理机制对项目绩效的影响等方面进行研究。通过封闭式问卷调查和回归模型等实证研究方法，寻找影响建设项目治理选择的关键因素以及这些因素对项目治理的影响程度和方向，从而回答契约治理与关系治理在建设项目治理中的相关问题。

征订号：33679，定价：45.00 元，2019年5月出版

《重大工程投资总控理论与实践——以广州地铁 11 号线为例》

袁亮亮　吴敏　尹航　主编

本书是国内第一本论述大型项目投资总控的专著，作者依据我国进入新时代的特点及其团队进行的大型项目投资管控的经验总结提炼投资总控的理论体系，并首次提出了基于信任的柔性投资总控系统。本书

主要内容包括：重大工程投资总控理论概述、广州地铁现状与大标段投资模式的应用、基于初始信任的广州地铁 11 号线项目招标管理研究、基于再谈判机制的施工总承包合同条款的拟定、基于控制权下沉的权利分配机制、基于田野实验的履约行为观测预设。

该书填补了国内投资管控领域的空白，将对中国实施"一带一路"倡议和配合政府投资项目投资管理提供全方位的操作建议及分析，必将对国内乃至世界重大工程管理理论与实践产生深远的影响。

征订号：33535，定价：45.00 元，2019年 7 月出版

《节能型建筑幕墙设计、施工与安全管理》

丛书主编　徐一骐

本书主编　梁方岭

幕墙是建筑的重要组成部分，是实现建筑功能的重要部件。我们必须深刻地认识到幕墙对建筑节能的重要性。作为外围护结构，它的热工性能最为薄弱，是建筑节能的关键环节。节能幕墙设计对促进建筑节能发展具有极其重要的意义。

本书从幕墙设计与施工的角度，详细说明了现有技术条件下节能幕墙的发展思路。首先是应用新型的面板材料，利用面板对热量的阻隔而达到节能的作用；其次是对幕墙节点进行节能设计，在满足安全使用的前提下，有效降低建筑能耗。幕墙的安装与施工，是十分重要

的环节，决定了建筑能否达到设计要求的节能效果；建筑使用过程中对幕墙的维护与安全检查，可以延长幕墙的使用寿命，能更加长久地为节能减排作出贡献。

征订号：33854，定价：60.00 元，2019年 6 月出版

《工程纠纷 100 讲——建设工程施工合同司法解释二及最高院民一庭指导性案例应用全书》

汪金敏　著

本书浓缩最高院民一庭 20 年来发布的 75 个有效指导性案例及解析案例精华，结合司法解释、法律及行政法规、各地法院百份审判指导文件及笔者 20 年工程商务律师经验，系统整理、完整概括并有效解释了实务中的工程法律争议焦点及裁判规则，包括争议主体、合同依据、合同无效、合同解除、价款确认、价款支付、工期顺延、损失赔偿、质量反索赔、优先受偿权、争议处理、工程鉴定等 12 大类数百个小点，力争使读者在读完本书后可以轻松理解并正确处理 90％以上的工程法律问题。本书将助力施工单位及其他相关单位的主管领导、项目经理、商务经理、法务经理及代理律师顺利完成工程结算清欠工作、预控工程纠纷、打赢工程官司。

征订号：33783，定价：98.00 元，2019年 5 月出版

《基于建筑信息化技术的"新工科"升级改造路径探索——以工程管理专业为例》

任晓宇　张大富　刘爱芳　著

　　建筑信息化技术的发展，对土建类工程管理人才的知识、能力、职业素养与视野都提出了新的要求。教育部推出"新工科"建设计划，发展新兴工科专业的同时，也对传统工科专业进行升级改造。围绕新工科提出的"五新"与"六问"，构建融合创"新工科"教育范式，设计专业升级改造实施路径。整个工程管理专业改造升级过程，"正向设计，反向实施"，设置细化三维信息技术，分解工作内容，最终将信息化技术落实在课程与相关教学环节中。教育部去年公布的首批"新工科"研究与实践项目有 612 个，对于改革的专业来说，本书的研究非常有借鉴意义。本书获得山东省高等学校教学改革项目"基于 OBE-CDIO 的工程管理专业应用型人才培养模式研究"（2016M172）资助。

　　征订号：33140，定价：32.00 元，2018 年 12 月出版

《建筑施工企业安全绩效影响因素及投资决策模型研究》

周　远　吴秀宇　李书全　胡少培　著

　　本书以建筑施工企业安全绩效为研究对象，依据行为安全、脆弱性、社会资本等理论，运用多属性不确定决策、支持向量机、遗传算法优化等方法，辨识影响安全投资和安全行为的关键影响要素，揭示安全投资、安全行为与安全绩效的作用机理，构建安全投资决策模型，并对施工安全系统的脆弱性特征进行分析。

　　征订号：31955，定价：35.00 元，2018 年 6 月出版

《全过程工程咨询典型案例》

中国建设工程造价管理协会　主编

　　中国建设工程造价管理协会在全国范围内征集了近 160 个典型案例，并在此基础上，经过多次筛选和修改完善，精选出 28 个案例，涵盖了住宅、市政、公共设施、石油化工等各类工程的各个建设阶段，并总结各项目在全过程工程咨询方面值得借鉴和推广的经验，希望能为广大工程造价咨询企业开展全过程工程咨询业务提供指引。

　　征订号：32883，定价：148.00 元，2018 年 10 月出版

《精品城乡建设导则
——以义乌市为例》

吴浩军　杨贤俊　主编

本书结合了国内外一些规范化、人性化的优先做法，针对义乌市道路设施、基础设施、民房建设、庭院建设、空间环境建设五个方面的精品建设，提出了一系列指导性的建设方向和具体实施意见，是对义乌多年以来城乡精品建设的一次总结，具有较高的实际参考价值。

本书适合城乡建设、城乡管理工作者以及城乡规划设计人员阅读和参考。

征订号：33954，定价：85.00 元，2019年7月出版

施 工 管 理

《装饰清水砌体建筑施工技术》

时　炜　宫　平　夏　巍　朱永亮　编著

本书针对目前国内装饰清水砌体工程所涉及的几种施工方法，制定了装饰清水砌体施工工艺。作者在总结工程实践经验的基础上，对装饰清水砌体内外套砌施工工艺、装饰清水夹心墙砌体施工工艺、装饰清水砖砌体勾缝工程施工工艺、装饰清水砖砌体表面防治施工工艺等分别规定了具体施工程序和技术要求，从而对装饰清水砌体建筑工程的施工及质量验收提供了科学的技术依据和切实的保证。同时，对不同风格和施工特点的九个装饰清水砌体工程，编写了工程案例。在工程案例中，详细地介绍了工程概况、装饰清水砌体的设计方案、施工工艺、施工难点和节点处理等，并插入多帧建筑物施工完工后整体及局部照片，充分展示了这些工程项目中装饰清水砌体的高标准的施工质量和精美的艺术效果，给人带来一种现代建筑技术与艺术的综合美的感观和享受，同时也向读者加深对装饰清水砌体建筑的认同感。

征订号：32882，定价：70.00 元，2018年12月出版

《复杂型钢混凝土组合结构
关键施工技术》

时　炜　宫　平　夏　巍　朱永亮　编著

本书以法门寺合十舍利塔工程建设施工科技创新一系列研究成果为基础，总结了复杂型钢混凝土组合结构关键施工技术，内容主要包括：①型钢混凝土组合结构施工技术综述；②法门寺合十舍利塔工程概况；③施工测量监控技术；④桩基础和地基处理施工技术；⑤复杂型钢结构加工制作及安装技术；⑥高性能混凝土施工技术；⑦倾斜结构模架工程施工技术；⑧复杂型钢混凝

土组合结构钢筋工程施工技术；⑨施工过程结构稳定性及施工预变形分析；⑩施工实录；⑪法门寺合十舍利塔工程建设大事记。读者可以较为全面系统的了解复杂型钢混凝土组合结构关键施工技术，对类似工程建设具有参考借鉴意义。

本书可供从事建筑设计、施工和监理等方面的工程技术人员参考，也可供大专院校相关专业的师生阅读和参考。

征订号：33846，定价：65.00 元，2019年7月出版

《文明施工实施指南》

陕西建工集团有限公司　主编

本书主要介绍了建设工程文明施工的前期策划、申报备案、过程实施及验收管理等工作流程和要求，突出施工现场管理标准化、规范化、精细化、绿色化、信息化和人文化等管理要求。内容包括文明施工概述、文明施工策划、施工现场管理与环境保护、施工安全达标、工程质量创优、办公生活设施整洁、营造良好文明氛围、文明工地验收评审、建设工程项目施工安全生产标准化工地评价、建筑施工项目安全生产标准化考评和附录等。

本书较为系统地总结了创建文明工地的施工管理实践成果，对工程施工现场具有较强的实用性、指导性和操作性，是施工现场管理人员和操作人员应备的指导性手册。

征订号：32324，定价：75.00 元，2018年10月出版

《建设工程施工治污减霾管理指南》

陕西建工集团有限公司　主编

本书较为系统地总结了当前建设工程施工现场大量行之有效、值得推广的治污减霾、环境保护管理措施和技术措施，内容图文并茂，文字浅显易懂，体现了法律法规、标准规范和政府主管部门的相关要求，对建设工程施工现场具有较强的指导性和操作性。

全书共分11个章节和10个附录，主要内容包括：总则，术语，基本要求，扬尘治理措施，大气污染防治措施，噪声污染防治措施，光污染防治措施，水污染防治措施，土壤保护措施，建筑垃圾处理和资源化利用，地设下施、文物和资源保护等。

征订号：31579，定价：40.00 元，2018年2月出版

装配式建筑

《装配式建筑工程总承包管理实施指南》

主编　赵丽

本书结合装配式建筑建造方式，以成本为核心，全寿命周期为主线，阐述项目前期策划、设计、采购、部品部件生产、施工部署、资源

配置、施工组织、现场吊装安装、成品保护、竣工运营、用户服务等各环节、各专业如何进行系统化整合与集成化管理。针对装配式建筑特点与传统施工的不同点，在不同阶段指出重要管控要点及主要管控事项，以及如何解决从技术方案、施工生产及合约商务系统联动问题以及专业分包与技术产业工人等管理问题，揭示了装配式建筑工程总承包管理本质。本指南还解析和分享了四个装配式建筑工程案例，旨在帮助广大的项目管理者深入理解和认识装配式建筑的新型建造方式，具有较高行业借鉴意义和划时代的深远意义。

征订号：33769，定价：78.00 元，2019年 5 月出版

《预制装配式建筑工程案例》

中国建设教育协会 远大住宅工业集团
股份有限公司　主编

书汇总了长沙远大住宅工业集团二十多年、上千项目历练而来的现场经验技术，总结了适用于现阶段我国装配式建筑施工的相关经验，涵盖了概述、项目案例、案例剖析——尖山印象、施工图预算 4 方面内容。书中对位于长沙的"尖山印象"项目进行了全方位剖析，具有实践指导意义。本书旨在为我国装配式建筑施工技术的发展提供些许有益的参考和借鉴，帮助行业范围内的其他单位更好地了解装配式建筑施工工艺，最终助力预制混凝土装配式建筑产业化与规模化的快速发展。

征订号：33619，定价：68.00 元，2019年 5 月出版

《装配式建筑计量与计价》

张建平　张宇帆　编著

本书为适应大力推广装配式建筑的需要，依据国家标准《建设工程工程量清单计价规范》《房屋建筑与装饰工程工程量计算规范》《装配式建筑工程消耗量定额》编写，系统阐述了装配式建筑计量计价的理论与方法。全书共 9 章，介绍了装配式建筑相关知识、研究内容界定、工程计价基础、各类装配式建筑的读图、列项、算量、计价以及装配式建筑投资估算等内容。

本书体系完整，结构新颖，通俗易懂，与时俱进，具有较强的指导性和可操作性，可供从事装配式建筑计量计价的工程造价专业人员参考使用，也可供工程造价、工程管理、土木工程专业师生学习参考。

征订号：33543，定价：42.00 元，2019年 5 月出版

《装配式建筑发展行业管理
与政策指南》

住房和城乡建设部科技与产业化发展中心
（住房和城乡建设部住宅产业化促进中心）编著

受国家重点研发计划项目"工业化建筑检测与评价关键技术"（2016YFC0701800）资助，住房和城乡建设部科技与产业化发展中心（住房和城乡建

设部住宅产业化促进中心）正在开展《建筑工业化发展行业管理与政策机制》课题研究，本书为该课题的阶段性研究成果。希望通过本书对我国装配式建筑行业管理有关政策措施进行系统总结与分析，提出有助于各级住房城乡建设部门学习借鉴的管理机制、政策措施，有助于龙头企业掌握发展现状和形势，有助于行业人员了解装配式建筑技术和相关政策知识，推动装配式建筑发展迈上新台阶，促进建筑业建造水平的全面提升和建筑业转型升级。

征订号：32791，定价：48.00 元，2018年10月出版

PPP 项目

《PPP 项目审计指南》

吴虹鸥　王晓艳　杨明芬　柯　洪　主编

本书理论篇主要论述了 PPP 项目审计的必要性与意义，构建了 PPP 项目审计体系，对 PPP 项目审计依据、审计方法、审计注意事项以及重点政策进行了详细的解读。实务篇结合了造价咨询行业实务专家的看法，将 PPP 项目按照阶段划分，阐述不同阶段的审计重点，汇总得出49 个审计点，不管对审计相关人员，还是从事 PPP 项目建设的专业人员，都是一个重要的参考。本书最后将来源于造价咨询行业实务类专家根据经验积累得出的 PPP 项目审计常

用表格进行汇总，并将近几年 PPP 相关法规政策和审计相关法规条款进行整理，有助于加深读者对于 PPP 项目审计的理解。

征订号：33693，定价：69.00 元，2019年5月出版

《PPP 项目第三方监管实务指南》

国福旺　李和军　主编

本书创新性地提出了适宜于现阶段我国 PPP 项目实际需求的第三方监管体系，并从监管主客体、监管内容、监管方式、监管流程及监管工具等角度进行全方位解析，是对传统上我国 PPP 项目行政监管、履约监管、公众监督等机制与既有体系的补充与完善。本书共五章，包括：我国 PPP 项目监管的需求分析、PPP 项目第三方监管体系构建、PPP 项目第三方监管内容详解、PPP 项目第三方监管工具一览、PPP 项目第三方监管业务案例。

本书作为一本实用的 PPP 参考书和工具书，将进一步规范和指导实际需求的第三方监管体系，为推动我国 PPP 事业健康规范可持续发展做出积极贡献。

征订号：32788，定价：49.00 元，2018年11月出版

《城市基础设施投融资的市场化改革——PPP 的理念与实践》

北京大岳咨询有限责任公司　编著

为使我国各级政府人员能够更系统地学习和掌握 PPP 相关专业知识、操作技能及管理方法，加快 PPP 项目落地，切实提高 PPP 项目实施成功率，北京大岳咨询有限公司编写此书，旨在帮助公共部门建立与 PPP 模式相匹配的专业能力。大岳咨询自 1996 年成立以来，已累计完成了 900 多个 PPP 项目，目前执行中的 PPP 咨询项目超过 600 个，涉及总投资额超 2 万亿元；在中央政府部门推出的 PPP 示范项目及海绵城市、地下管廊试点项目中，大岳参与的约占 30%。作为市场占有率和公司规模均已为中国 PPP 领域第一的专业咨询机构，大岳希望从 PPP 实践者的角度，对中国式 PPP 的概念正本清源，梳理和分析 PPP 实践中存在的政策法律和体制机制等方面的问题，深入解读 PPP 项目的具体实施操作流程，剖析典型案例（示范项目），使读者在理论和实操层面对 PPP 有一个更加清晰、全面、深入的认识，提升读者 PPP 模式的理论水平与操作技能期待我们编写的这本书能为 PPP 的发展提供一定的支持，让中国的 PPP "不走错路、少走弯路"。

征订号：904153，定价：32.00 元，2019 年 5 月出版

《PPP 项目招投标与热点难点问答》

李志生　舒美艳　编著

本书介绍了 PPP 项目与非 PPP 项目招投标的操作异同，对 PPP 领域中的基础设施类特许经营项目和服务类的政府采购项目进行重点分析。同时，通过大量的案例分析，系统而全面地介绍了 PPP 项目招标的政策、方法、理论、程序与操作实务。全书分为 2 章及附录 1～附录 5，内容包括 PPP 招投标相关法律法规和政策，PPP 项目的招标方式，PPP 项目的招标程序，PPP 项目的招标文件，PPP 项目的评标标准和方法，PPP 项目的投标文件，PPP 项目的开标、评标和中标，PPP 项目招投标过程中的串标与监管，PPP 项目特许经营协议与合同，PPP 项目招投标质疑与投诉，PPP 项目招投标常见问题解答与分析。

本书遵从突出实用性、全面性、可操作性。全书经典案例贯穿始终，理论与案例分析紧密结合，充分反映了当前国内 PPP 项目招投标的新动向、新做法。

征订号：33175，定价：52.00 元，2019 年 3 月出版

《PPP 项目运作与法律实务》

张国印　编著

　　本书以 200 余张 PPP 项目运作与法律实务课件为主，包括有：PPP 模式介绍、PPP 操作流程、实施方案分解、PPP 相关案例及 PPP 法律实务。同时，为能够让读者对相关 PPP 知识有更多、更全面的认识，本书附录部分包括 PPP 项目案例、PPP 项目部分文书范例、PPP 诉讼案例及 2014 年至 2018 年 7 月相关 PPP 项目主要政策目录，这也是本书的专有特色之一。

　　征订号：32947，定价：60.00 元，2019 年 1 月出版

《城市基础设施投融资的改革创新——PPP 的理念与实践》

金永祥　徐志刚　宋雅琴　编著
全国市长研修学院　组织编写

　　本书对于我国 PPP 模式和当前的 PPP 政策体系与法律框架的核心要点进行了系统的介绍，对 PPP 项目的实操流程进行了细致阐述，涵盖了项目识别、准备、采购、执行、移交等关键环节，为政府部门、社会资本方、研究机构快速准确地熟悉 PPP 的基本理念与发展历程，系统全面地了解 PPP 模式的设计与运作提供

了较为专业的指引和技术支撑。

　　征订号：904069，定价：48.00 元，2018 年 11 月出版

BIM 研究与应用

《BIM 与施工安全管理》

郭红领　刘文平　张伟胜　于言涛　著

　　本书针对施工安全管理三要素，即物的不安全状态、人的不安全行为和不安全的环境，结合 BIM 等先进的信息技术深入探索了施工安全管理新方法与新技术，以期望为建筑工程施工安全管理提供有效的支撑手段，提高建筑业的安全管理水平。此外，本书介绍了工程设计不安全因素自动识别原型系统和施工工人不安全行为实时监控预警原型系统，及其应用测试情况。结果表明，本书提出的基于 BIM 的施工事故预防方法与技术可以有效地发挥事故预警作用，相关系统具有较好的应用前景。

　　本书总结了作者多年来在 BIM 和施工安全管理研究与实践方面的经验，兼顾了理论与实践。本书既适用于 BIM 相关领域的研究人员（包括大中院校、科研院所研究生和本科生），又适用于建筑业相关从业人员（包括政府、开发商、承建商等）、相关软件技术研发人员、咨询行业从业人员等。

　　征订号：30282，定价：35.00 元，2019 年 5 月出版

《建筑业企业 BIM 应用分析暨数字建筑发展展望（2018）》

本书编委会　著

　　《建筑业企业 BIM 应用分析暨数字建筑发展展望（2018）》通过对 BIM 技术在国内的应用现状调查、分析与总结，结合建筑业 BIM 技术的环境，逐点展开论述，邀请从事 BIM 相关研究的行业专家以及来自不同岗位的应用实践者，从 BIM 实践出发以不同视角对 BIM 应用方法作出总结，并展示各种类型的典型 BIM 应用案例。

　　征订号：32827，定价：25.00 元，2018 年 10 月出版

《工程项目 BIM 应用 100 例》

主编　陈　浩

　　全书共 11 章，其内容主要可分为 4 个部分，第 1 章内容从实施准备、过程控制要素及成效分析三方面进行项目级 BIM 技术实施方法的综述，第 2 章为 BIM 建筑设计应用案例，第 3 章至第 9 章为各类型工程项目施工 BIM 应用案例，第 10 章至第 11 章为基于 BIM 的运维管理及项目管理平台。在此感谢各位奋战在一线的 BIM 工程师们，在扎根于项目的同时，连续工作数月，为本书提供了翔实的案例。

　　征订号：33161，定价：198.00 元，2019 年 1 月出版

《中美英 BIM 标准与技术政策》

李云贵　主编

何关培　李海江　邱奎宁　赵欣　副主编

　　本书是"BIM 技术及应用丛书"中的一本，主要内容为：第 1 章简单介绍了 BIM 技术的产生背景、地位和作用，以及当前研究和应用现状，并对本书要介绍的 BIM 标准和技术政策做了简单分类。随后的章节按照中国篇、美国篇、英国篇三部分组织。第 2 章至第 5 章，介绍中国 BIM 研究与应用、国家和行业 BIM 标准和技术政策、地方 BM 标准和技术政策、部分企业 BIM 标准和技术政策。第 6 章至第 9 章介绍美国 BIM 应用的主要特点、国家和行业标准与技术政策、地方标准与技术政策、部分机构和企业标准与技术政策。第 10 章至第 13 章介绍英国 BIM 应用的主要特点、技术政策、标准规范和推广体系。

　　本书可供企业管理人员及 BIM 从业人员参考使用。

　　征订号：33059，定价：55.00 元，2018 年 12 月出版

《工程管理专业 BIM 教育研究：理论框架与实践》

张静晓　著

本书主要围绕如何形成工程管理专业人才培养的升级路径及如何进行人才培养方案创新实践两个问题进行研究。全书以 KSA 模型为升级传统工程管理教育的逻辑主线，以"知识体系－实践技能－能力结构"三个模块为工程管理专业人才培养升级路径的核心支撑，打造"两模块三层次"创新实践方案，分析工程管理与 BIM 的融合，重构知识体系、再造实践技能集、探索新业态下工程管理人才核心能力结构，并在此基础上进行工程管理 BIM 教育案例实践。

本书在内容取舍上突出理论与实践相结合，更注重实践性，既为我国工程管理专业 BIM 教育研究提供了一个新的探索，也为我国高等院校进行传统工科改造升级提供了借鉴案例。

征订号：32616，定价：28.00 元，2018 年 11 月出版

《施工企业项目级 BIM 负责人指导手册》

何关培　主编
赵　欣　杨远丰　何　波
张家立　程莉霞　副主编

项目 BIM 负责人在很大程度上决定了一个项目 BIM 应用的有效与否，本书全面梳理了项目 BIM 负责人所必须掌握的知识、技能以及方法。全书共分 8 章，包括：概述、项目级 BIM 应用的 IT 环境、项目级 BIM 应用准备工作、项目 BIM 模型组织和创建、模型应用与交付、BIM 应用与企业知识库建设、BIM 专用插件和工具软件、资源利用。本书内容精炼，具有很强的实用性和可操作性，可供 BIM 从业人员，特别是施工企业项目级 BIM 负责人参考使用。

征订号：32919，定价：45.00 元，2018 年 11 月出版